Holger Dambeck

Kommen drei Logiker in eine Bar ...

Die schönsten Mathe-Rätsel

Kiepenheuer & Witsch

MIX
Papier aus verantwortungsvollen Quellen
FSC® C083411

Verlag Kiepenheuer & Witsch, FSC® N001512

1. Auflage 2017

Umschlaggestaltung: Barbara Thoben, Köln
Umschlagmotiv: © Leo Leowald
Illustrationen: Michael Niestedt
Gesetzt aus der Minion, der News Gothic und der Bradley Hand ITC
Satz: Buch-Werkstatt GmbH, Bad Aibling
Druck und Bindung: CPI books GmbH, Leck
ISBN 978-3-462-05051-6

Das Buch

Nach seinen SPIEGEL-Bestsellern »Je mehr Löcher, desto weniger Käse« und »Nullen machen Einsen groß« entführt uns Wissenschaftsjournalist und Mathe-Fan Holger Dambeck erneut in die faszinierende Welt der mathematisch-logischen Knobeleien.

Das Spannende an einem gelungenen Rätsel ist, dass es keine offensichtliche Lösung gibt. Umso wichtiger Dambecks Credo: »Es gibt zwar diverse Lösungstechniken. Wer aber wirklich Spaß haben will, wird kreativ.« In »Kommen drei Logiker in eine Bar …« präsentiert uns Dambeck, seit 2014 Autor der beliebten SPIEGEL-ONLINE-Kolumne »Rätsel der Woche«, nun seine persönliche Sammlung der 100 schönsten Logik- und Zahlenrätsel: Wie werden der Frauenheld Casanova und die Mathematik zum Dream-Team? Wie viele Partien werden gespielt beim weltgrößten Tischtennisturnier in Ping-Pong-Town? Und was machen eigentlich drei Logiker, wenn sie ein Bier bestellen möchten?

Der Autor

Holger Dambeck, geboren 1969, hat Physik studiert und ist seit 2003 Wissenschaftsredakteur bei SPIEGEL ONLINE und seit 2015 Ressortleiter für Wissenschaft und Gesundheit. Bereits als 16-Jähriger trat er bei Mathematikolympiaden zum Lösen kniffliger Aufgaben an. In der SPIEGEL-ONLINE-Kolumne »Numerator« schreibt er seit 2006 über die Wunderwelt der Mathematik. 2009 erschien sein Buch zur Kolumne: »Numerator. Mathematik für jeden«. Wenig später wurde Holger Dambeck mit dem Medienpreis der Deutschen Mathematiker-Vereinigung ausgezeichnet. 2012 und 2013 folgten die Bestseller »Je mehr Löcher, desto weniger Käse. Mathematik verblüffend einfach« (KiWi 1234) sowie »Nullen machen Einsen groß. Mathe-Tricks für alle Lebenslagen« (KiWi 1324). Seine SPIEGEL-ONLINE-Kolumne »Rätsel der Woche« hat regelmäßig rund 200 000 Leser.

KiWi

1553

Inhalt

Vorwort

Was ist eigentlich Mathematik?
Diese Frage höre ich immer wieder. Ich weiß, dass viele Menschen glauben, Mathematik habe mit Rechnen zu tun. Und vielleicht noch mit Formeln.
Doch in der Mathematik geht es gerade darum, das Rechnen zu vermeiden, wie möglichst auch alles andere, was umständlich und kompliziert ist. Das würde so zwar nicht jeder Mathematiker unterschreiben. Aber zumindest für die Rätsel dieses Buches trifft es auf jeden Fall zu.
Es ist ein Mix aus Aufgaben, die bereits bei SPIEGEL ONLINE als Rätsel der Woche erschienen sind und aus neuen Kopfnüssen, die ich für dieses Buch ausgewählt habe.

Rätsel gehören ins Genre der sogenannten Unterhaltungsmathematik. Den Begriff finde ich ehrlich gesagt unpassend, er erinnert mich irgendwie an Unterhaltungsmusik. Und dann habe ich immer gleich schreckliche Schlagermusik im Ohr.
Aber egal: Sich mit Mathematik zu beschäftigen, kann großen Spaß machen, ja, es kann sehr unterhaltsam sein. Unser Gehirn wird auf eine Weise beansprucht, die wir aus dem Alltag kaum kennen. Und ich finde, es geht nichts über das Aha-Er-

lebnis, wenn uns plötzlich die Lösung einer scheinbar unlösbaren Aufgabe erscheint.

Wie gesagt: Mathematik ist unter anderem, wenn man umständliches Rechnen vermeidet. Weil es oft viel kreativere, viel elegantere Wege gibt, eine Aufgabe zu lösen, als das Schema F, das wir in der Schule stupide gelernt haben.

Zwei Beispiele sollen das demonstrieren. Das erste kennen Sie wahrscheinlich:

Was ist die Summe der Zahlen von 1 bis 10?

Es gibt eine sehr schöne, quasi geometrische Lösung: Wir schreiben die zehn Zahlen als Punktmengen. Es gibt zehn Reihen. In der ersten ist ein Punkt, in der zweiten sind zwei und so weiter bis zur zehnten Reihe mit zehn Punkten.

Die folgende Skizze zeigt die Punkte – sie hilft uns allerdings zunächst nicht weiter.

Wenn wir aber die gleiche Punktmenge noch einmal um 180 Grad gedreht rechts daneben setzen, haben wir die Aufgabe gelöst.

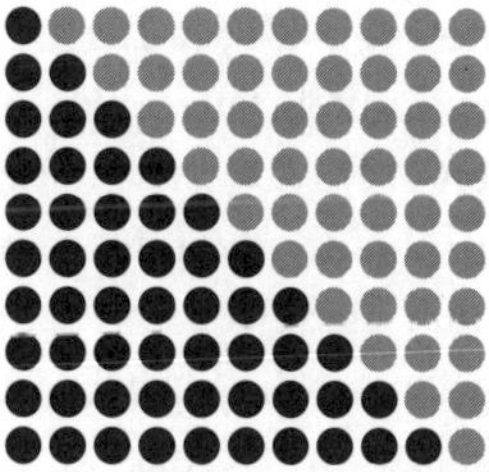

Die beiden zusammengeschobenen Punktmengen bilden ein Rechteck aus zehn mal elf Punkten – also aus 110 Punkten. Diese Zahl müssen wir nur noch durch zwei teilen, weil die Punktmenge ja zweimal drinsteckt, und schon haben wir die richtige Lösung von 55.

Das zweite Beispiel ist nicht ganz so leicht – aber auch dabei besteht der Beweis aus einer einfachen Skizze, die nahezu selbsterklärend ist.

Wie groß ist die Summe von 1/4 + 1/16 + 1/64 + 1/256 + ...? Also der Reziproken der Viererpotenzen beginnend bei 1/4?

Die Lösung lautet 1/3. Als Beweis dient ein Quadrat, das geviertelt wird. Und bei dem das obere rechte Viertel nochmals geviertelt wird – und zwar immer wieder. Siehe folgende Zeichnung:

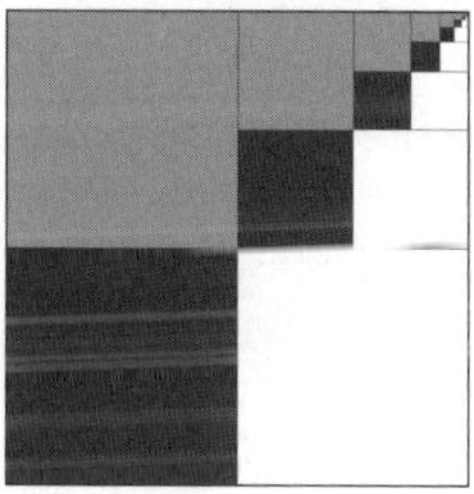

Wenn wir die Summe 1/4 + 1/16 + 1/64 +... berechnen wollen, brauchen wir nur die dunkelgrauen Flächen aufzusummieren. Denn sie entsprechen 1/4, 1/16, 1/64 ... der Quadratfläche. Jetzt kommt der entscheidende Trick: Nehmen wir zu jeder schwarzen Fläche auch die jeweils gleich großen weißen und hellgrauen Fläche hinzu, ist die Summe über all diese Flächen genauso groß wie das gesamte Quadrat. Also gilt:

$$1 = 3 \times \left(\frac{1}{4} + \frac{1}{16} + \frac{1}{64} + \ldots\right)$$

Das teilen wir durch drei und haben das richtige Ergebnis.

$$\frac{1}{3} = \frac{1}{4} + \frac{1}{16} + \frac{1}{64} + \ldots$$

War das zu kompliziert? Ich hoffe nicht.

Ich wünsche Ihnen viel Spaß mit den folgenden hundert Aufgaben! Und dass Sie möglichst oft erleben, wie aus dem Nichts eine elegante Lösung auftaucht.

Holger Dambeck
Hamburg, den 15.6.2017

Systematisch kreativ
Wie man Matherätsel angeht

Es ist sicher kein Zufall, dass Sie dieses Buch in den Händen halten. Sie mögen wahrscheinlich Mathematik – und sicher knobeln Sie auch gern. Damit Sie an den Rätseln auf den folgenden Seiten nicht verzweifeln, möchte ich Ihnen vorab ein paar Tipps geben. Leider kann ich Ihnen keine allgemein gültige Lösungsstrategie liefern – die gibt es schlicht nicht. Aber zumindest ein paar Ideen, wie man sich Kopfnüssen nähert. Wenn Sie mein Buch »Je mehr Löcher, desto weniger Käse« gelesen haben, wird Ihnen der eine oder andere Tipp bekannt vorkommen. Dort gab es ein ganzes Kapitel über das Finden kreativer Lösungen. Ich habe meine Tipps hier kompakter formuliert und noch erweitert.

Nicht aufgeben, dranbleiben

Seien Sie beharrlich! Wenn Sie ein Problem lösen wollen, sollten Sie es erst einmal gründlich durchdenken. Blättern Sie nicht gleich zu den Lösungen, wenn Sie nicht sofort vorankommen. Haben Sie Geduld, lassen Sie das Problem ruhig erst mal sacken. Wenn Sie nicht weiterkommen, probieren Sie einfach erst einmal das nächste Rätsel. Das bringt Sie auf andere Gedanken und kann helfen, das bislang ungelöste Problem zu knacken. Womöglich kommt die zündende Idee auch ganz überraschend – zum Beispiel am nächsten Morgen beim Zähneputzen.

Aufgabentext genau analysieren

Zuallererst müssen Sie natürlich die Aufgabe selbst verstehen. Wenn Ihnen beim Lesen des Textes etwas spanisch vorkommt, sollten Sie aufhorchen. Oft liefern solche Stolpersteine in der Aufgabe nämlich wertvolle Hinweise. Nehmen wir als Beispiel Rätsel Nummer 12 aus diesem Buch:

> Zwei russische Mathematiker treffen sich zufällig im Flugzeug.
> »Du hast drei Söhne, nicht wahr?«, fragt der eine. »Wie alt sind die denn jetzt?«
> »Das Produkt der Jahre ist 36«, lautet die Antwort, »und die Summe der Jahre ist genau das heutige Datum.«
> »Hm, das reicht mir noch nicht«, meint darauf der Kollege.
> »Oh ja, stimmt, ich habe ganz vergessen zu erwähnen, dass mein ältester Sohn einen Hund hat.«
> Wie alt sind die drei Söhne?

Finden Sie den Hinweis auf den Hund auch seltsam? Wenn Sie genauer darüber nachdenken, merken Sie, dass anstelle des Hundes auch eine Katze, eine Spielkonsole oder eine Haarfarbe stehen könnte. Trotzdem ist dieser Satz wichtig, aber wegen eines anderen Details. Mehr möchte ich an dieser Stelle noch nicht verraten.

Systematisch vorgehen

Sofern die möglichen Lösungen halbwegs überschaubar sind, kann es sich lohnen, alle denkbaren Kombinationen aufzuschreiben und sich jede einzeln anzuschauen. Das gilt ganz besonders für Logikrätsel. Beispiel: Sie haben die Aussagen von drei Personen und wissen, dass eine davon lügt. Wer könnte der Lügner sein?

Person A: »B lügt.«
Person B: »C lügt.«
Person C: »Ich lüge nicht.«

Machen Sie eine kleine Tabelle, auch Wahrheitstabelle genannt, in der alle möglichen Fälle als eigene Spalte auftauchen:

	Fall 1	Fall 2	Fall 3
Person A: »B lügt«	Lüge	wahr	wahr
Person B: »C lügt«	wahr	Lüge	wahr
Person C: »Ich lüge nicht«	wahr	wahr	Lüge
	möglich	möglich	Widerspruch

Dann untersuchen Sie für jeden Fall, ob die Aussagen dazu passen. Für die Fälle 1 und 2 trifft das zu, im Fall 3 jedoch gibt es einen logischen Widerspruch. A behauptet, dass B lügt – aber der Lügner soll in diesem Fall ja C sein. Wegen dieses Widerspruchs ist Fall 3 nicht möglich und entfällt. Damit wissen wir, dass C auf jeden Fall kein Lügner ist und somit die Wahrheit sagt. Der Lügner ist entweder A oder B.

Wenn möglich, vereinfachen

Oft geht es darum, etwas ganz allgemein zu beweisen – für alle denkbaren Konstellationen oder zumindest für große Anzahlen. Das kann einen überfordern, wenn man sich in das Problem hineindenken möchte. Wenn an einem Tisch zum Beispiel 100 Lügner und 100 Wahrheitsliebende sitzen, die komische Dinge sagen, schauen Sie sich doch erst mal eine stark vereinfachte Version an. Am Tisch sitzen dann eben zunächst nur zwei Lügner und zwei Personen, die stets die Wahrheit sagen. Versuchen Sie, das Problem erst in der simpleren Variante zu lösen. Vielleicht finden Sie dabei auch Wege, das größere Problem zu knacken.

Anders denken

Ausgetretene Pfade verlassen – das ist eine der wichtigsten Methoden, um kreative Ideen zu entwickeln. In der Mathematik fällt das oft schwer, weil wir einfach zu sehr in Lösungstechniken denken, die wir gelernt haben. Das ist wie Reisen mit der Eisenbahn. Wir können so nur die Orte erreichen, zu denen auch Schienen führen.

Oft hilft es schon, den Blickwinkel zu wechseln oder die Problemstellung etwas zu verändern. Vielleicht lässt sich eine Aufgabe mit Zahlen auch geometrisch lösen? Ein paar Beispiele:

Ein Mann startet seine Wanderung um 10 Uhr im Tal, um 14 Uhr kommt er an der Berghütte an. Dort übernachtet er und startet am nächsten Morgen um 10 Uhr die Wanderung zurück ins Tal. Weil es bergab geht, ist er eine ganze Weile vor 14 Uhr wieder zurück. Beweisen Sie, dass es mindestens eine Uhrzeit zwischen 10 und 14 Uhr gibt, zu der sich der Wanderer an beiden Tagen in exakt derselben Höhe befunden hat!

Wir wissen nichts über den Höhenverlauf der Wanderung und auch nichts über die Wandergeschwindigkeit. Trotzdem ist die Lösung ganz einfach, wenn wir die Aufgabe etwas verändern:

Zwei Männer starten um 10 Uhr eine höchstens vierstündige Wanderung. Der eine steigt aus dem Tal kommend auf den Berg, der andere ist in der entgegengesetzten Richtung unterwegs. Beweisen Sie, dass es mindestens eine Uhrzeit zwischen 10 und 14 Uhr gibt, zu der sich die Wanderer in exakt derselben Höhe befinden!

Nun, die Lösung ist einfach: Es ist der Moment, in dem sich die beiden Wanderer auf dem Wanderweg begegnen.

Noch eine andere Aufgabe:

Wie groß ist die Summe $1+2+3+4+\ldots+97+98+99+100$?

Man könnte das natürlich im Kopf oder mit einem Taschenrechner ausrechnen. Aber schon der junge Carl Friedrich Gauß wusste einen besseren Weg. Er sortierte die Zahlen um:

Wie groß ist die Summe $1+100+2+99+\ \ldots+50+51$?

Das Ergebnis können wir direkt hinschreiben – es lautet $50 \times 101 = 5.050$.

Im letzten Beispiel für kreative Lösungswege geht es um einen Kalender, bei dem ein ganz besonderer Trick gefragt ist:

> Ein Mann hat zwei Holzwürfel, mit denen er den Tag eines Monats von 01 bis 31 darstellen kann. Welche Ziffern stehen auf den Seiten der beiden Würfel?

Die Analyse des Problems ist relativ leicht: Auf jeden Würfel passen nur sechs Ziffern, also muss man die Ziffern von 0 bis 9 über beide Würfel verteilen. Fragt sich bloß wie? Die Tage eines Monats beginnen mit 01 und gehen bis 31. Es gibt also auf jeden Fall eine 11 und eine 22 – also müssen die 1 und die 2 auf beiden Würfeln vorkommen.

Wir brauchen jedoch auch auf beiden Würfeln die 0, um alle Tage von 01 bis 09 darstellen zu können. Denn es gibt neun Ziffern von 1 bis 9, und auf einen Würfel passen nur sechs verschiedene.

0, 1, 2 – damit sind auf den zwei Würfeln schon drei Seiten belegt. Sechs der insgesamt zwölf Seiten sind noch frei – dummerweise sind aber noch sieben Ziffern übrig –, nämlich 3, 4, 5, 6, 7, 8, 9.

Wenn wir zum Beispiel den ersten Würfel mit 0, 1, 2, 3, 4, 5 und den zweiten mit 0, 1, 2, 6, 7, 8 beschriften, ist die 9 nicht untergebracht.

Was nun? Existiert womöglich gar keine Lösung? Doch, es gibt eine, und wir haben sie sogar schon gefunden. Denn wenn wir eine 9 brauchen, stellen wir die 6 einfach auf den Kopf – und damit ist das Rätsel des Würfelkalenders gelöst.

Social Engineering

Manchmal sitze ich an einer Knobelaufgabe, von der ich fürchte, dass sie womöglich unüberschaubar viele Lösungen haben könnte. Nehmen wir folgendes Beispiel:

> Finden Sie alle zehnstelligen Primzahlen, die jede der zehn Ziffern 0, 1, 2, 3, 4, 5, 6, 7, 8, 9 enthält. (Eine Primzahl ist nur durch 1 und sich selbst teilbar.)

Wenn Sie sich ein wenig mit Kombinatorik auskennen, wissen Sie, dass aus den zehn Ziffern mehr als 3 Millionen verschiedene Zahlen gebildet werden können. Wie soll man bei jeder davon prüfen, ob sie eine Primzahl ist? Wer denkt sich eine so schwierige Aufgabe aus?

Viel wahrscheinlicher ist, dass es nur eine einzige oder gar keine Lösung gibt. In unserem Fall trifft Letzteres zu: Die Quersumme aller aus den zehn Ziffern gebildeten Zahlen ist immer gleich, nämlich 45 $(=1+2+3+4+5+6+7+8+9)$. Und 45 ist sowohl durch 3 als auch durch 9 teilbar. Damit haben wir bewiesen, dass alle diese Zahlen selbst durch 3 und 9 teilbar sind – und dass sie deshalb keine Primzahlen sein können.

Indirekt statt direkt

Eben ging es um theoretisch mehr als drei Millionen verschiedene Zahlen. Wir gehen noch einen Schritt weiter bis zu unendlich vielen.

Beweisen Sie, dass es unendlich viele Primzahlen gibt!

Wir könnten versuchen, alle Primzahlen durchzunummerieren. Dabei würden wir feststellen, dass das Ganze einfach kein Ende nimmt. So kriegt man den Beweis auf keinen Fall hin.

Statt das Problem direkt zu lösen, gehen wir indirekt vor – quasi hintenherum. Einbrecher machen es im Grunde genauso: Sie knacken nicht etwa das dicke Schloss an der Hauseingangstür. Nein, sie gehen zur Rückseite des Hauses und finden dort ein leicht zu öffnendes Kellerfenster.

Bei einem indirekten Beweis beweisen wir eine Aussage nicht direkt – wir widerlegen stattdessen ihr Gegenteil. Dass indirekte Beweise überhaupt möglich sind, liegt an der logischen Konsistenz der Mathematik. Eine Aussage ist entweder richtig oder falsch. Und zwei sich widersprechende Aussagen können nicht zugleich wahr sein.

Wir nehmen also an, dass es nur endlich viele Primzahlen gibt – und zwar n. Diese Primzahlen nennen wir p_1, p_2, p_3 … p_n. Nun bilden wir das Produkt:

$$p_1 \times p_2 \times p_3 \times \ldots \times p_n$$

Das ist eine natürliche Zahl mit einer interessanten Eigenschaft: Sie ist durch jede der n Primzahlen p_1, p_2, p_3 … p_n teilbar. Denn die Zahl ist ja das Produkt all dieser Primzahlen. Jetzt kommt der eigentliche Trick. Wir addieren zu dem Produkt der n Primzahlen noch die Zahl 1 hinzu:

$$p_1 \times p_2 \times p_3 \times \ldots \times p_n + 1$$

Diese Zahl ist ebenfalls eine natürliche Zahl. Allerdings ist sie durch keine der n Primzahlen teilbar, sie lässt bei der Division vielmehr immer den Rest 1. Deshalb muss diese Zahl selbst eine Primzahl sein, die nicht in p_1, p_2, p_3 … p_n enthalten ist – oder sie ist das Produkt zweier oder mehrerer Primzahlen, die nicht zu den n vorgegebenen Primzahlen gehören. Das widerspricht jedoch unserer Annahme, dass nur n Primzahlen existieren. Also ist die Annahme, dass es endlich viele Primzahlen gibt, falsch – was wiederum bedeutet, dass es unendlich viele davon gibt. Damit ist der Satz bewiesen.
Zugegeben: Indirekte Beweise lesen sich komisch, man muss auch höllisch aufpassen, was das Gegenteil einer Aussage ist. Aber die Methode ist sehr hilfreich.

Schubfachprinzip

Sie kennen das: Den ganzen Tag müssen wir Dinge ordnen und sortieren. Schubfächer haben sich dabei als hilfreich erwiesen – in virtueller Form auch in der Mathematik! Wie das Schubfachprinzip funktioniert, zeigt die folgende kleine Aufgabe:

> Im Keller des Sportvereins stehen Skistöcke in den Farben Weiß, Rot, Blau und Grün. Sie sind alle gleich lang. Der Zeugwart will ein Paar Stöcke holen. Doch leider ist das Licht im Keller ausgefallen und er sieht überhaupt nichts. Wie viele

zufällig gegriffene Stöcke muss er mit nach oben bringen, damit auf jeden Fall zwei gleicher Farbe darunter sind?

Wir haben vier Schubfächer, jedes hat eine andere Farbe. Wenn wir blindlings Stöcke greifen und dann bei Licht in die Schubfächer sortieren, sind wir beim fünften Skistock mit Sicherheit am Ziel. Denn der fünfte Stock gehört zwingend in ein Fach, in dem bereits ein Stock liegt.

Domino-Methode

Wenn es um Aussagen geht, die für alle natürlichen Zahlen n zutreffen, kann die sogenannte vollständige Induktion das Mittel der Wahl sein. Ich nenne sie allerdings lieber Domino-Methode, denn dann versteht man sofort, wie ein solcher Beweis funktioniert.
Was sind die Voraussetzungen dafür, dass alle auf einem Tisch aufgestellten Dominosteine umfallen? Es sind genau zwei:

- Der erste Stein muss fallen.
- Jeder Stein steht so, dass er beim Kippen seinen Nachfolger zu Fall bringt.

Als Beispiel für die Domino-Methode nehmen wir die Summenformel für ungerade natürliche Zahlen. Schauen Sie sich bitte einmal folgende Gleichungen an:

$$1 = 1 = 1^2$$

$$1 + 3 = 4 = 2^2$$

$$1+3+5=9=3^2$$

$$1+3+5+7=16=4^2$$

$$1+3+5+7+9=25=5^2$$

Offenbar addieren sich ungerade Zahlen, wenn man mit der 1 beginnt, immer zu einer Quadratzahl. Ungerade Zahlen können wir in der Form $2n+1$ oder $2n-1$ schreiben, wobei n eine natürliche Zahl ist. Wenn wir auf der rechten Seite der Gleichung n^2 notieren, dann muss die größte ungerade Zahl links $2n-1$ sein. Allgemein geschrieben lautet unsere Vermutung daher:

$$1+3+\ldots+2n-1=n^2$$

Nun zum Domino-Beweis: Für $n=1, 2, 3, 4, 5$ gilt die Formel auf jeden Fall. Das bedeutet, dass nicht nur der erste, sondern sogar die ersten fünf Dominosteine auf jeden Fall umkippen. Der Anfang ist also gemacht.

Jetzt greifen wir uns einen beliebigen Dominostein heraus, den Stein Nummer i. Dabei ist i eine natürliche Zahl. Wir nehmen an, dass dieser Stein umkippt. Und Umkippen bedeutet hier, dass die Summenformel für ihn zutrifft.

$$\text{Summe}(i)=1+3+5+\ldots+2i-1=i^2$$

Was aber ist mit dem nächsten Stein mit der Nummer $i+1$? Trifft die Summenformel für ihn auch zu? Das können wir relativ leicht ausrechnen. Um die Summenformel für $i+1$ zu erhalten, muss ich zu der Summenformel von i nur die nächste, fehlende ungerade Zahl addieren. Und diese lautet $2(i+1)-1$.

$$\text{Summe}(i+1) = \text{Summe}(i) + 2(i+1) - 1$$

$$= \text{Summe}(i) + 2i + 1$$

$$= i^2 + 2i + 1$$

Der Ausdruck auf der rechten Seite dürfte Ihnen bekannt vorkommen. Es ist eine binomische Formel von der Form

$$(a+b)^2 = a^2 + 2ab + b^2$$

Wobei $a = i$ und $b = 1$ ist. Also erhalten wir:

$$\text{Summe}\ (i+1) = (i+1)^2$$

Damit haben wir gezeigt, dass die Summenformel auch für $n = i + 1$ gilt, sofern wir voraussetzen, dass sie für $n = i$ zutrifft. Das bedeutet, dass unsere Summenformel für alle beliebigen natürlichen Zahlen n gültig ist.

Aufgaben

Uhren, Kerzen und Pistolen: Rätselklassiker

Zum Einstieg gibt's eine Sammlung altbewährter Klassiker. Die Aufgaben sind vielseitig und nicht allzu schwer. Mit der Übung kommt der Spaß – und die Lust auf noch viel mehr Rätsel in den folgenden Kapiteln. Legen Sie los!

1) Welche Figur setzt die Reihe fort?

Sie kennen diese Rätselform ganz sicher: Vier bizarr anmutende Bildchen stehen nebeneinander, gern bestehend aus Kreuzen, Kreisen und farbig eingefärbt. Und Sie sollen aus vier, fünf anderen Zeichnungen jene auswählen, die, mit welcher Logik auch immer, als fünfte genau in die Reihe der anderen vier passt.
Gefragt sind dabei vor allem analytisches Denken und Logik, mitunter aber auch Kreativität und Querdenken. Kein Wunder, dass solche Aufgaben häufig Teil von IQ- oder Einstellungstests sind.

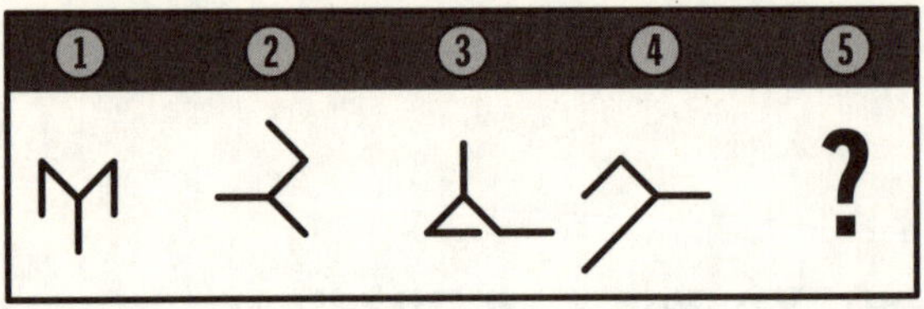

Bei der Aufgabe hier gibt es keine vorgegebene Liste möglicher Lösungen. Sie müssen Figur 5 vielmehr selbst finden und zu Papier bringen. Das schaffen Sie bestimmt, oder?

2) Schokolade wiegen

Mit Waagen kann man raffinierte Dinge anstellen – und ich hoffe, dass das auch Ihnen beim folgenden Problem gelingt: Genau 100 Gramm soll eine Tafel Vollmilchschokolade schwer sein. Dank moderner Technik ist das auch kein Problem. Die flüssige Schokoladenmenge wird passend portioniert, bevor sie in die Form fließt. Doch manchmal geht trotzdem etwas schief – so wie in unserem Fall.

Wegen einer falsch eingestellten Maschine sind die Tafeln einer ganzen Palette 5 Gramm zu schwer. Der Vorarbeiter hat den Fehler zum Glück schnell bemerkt und die Maschine neu justiert.
Die Palette mit den zu schweren Tafeln hat er ins Lager gebracht – sich aber vor lauter Ärger über den Fehler nicht gemerkt, wo er die 105-Gramm-Tafeln abgestellt hat. Im Lager gibt es insgesamt 10 Paletten, nur bei einer stimmt die Masse der Tafeln nicht.

Ihre Aufgabe: Finden Sie den Stapel mit den 105-Gramm-Tafeln! Sie dürfen beliebig viele Schokoladentafeln von den Paletten nehmen und auf die Waage legen. Doch die Digitalwaage, welche die Masse auf 0,001 Gramm genau anzeigt, darf nur ein einziges Mal benutzt werden.

3) Perfekt ausgerichtete Uhrzeiger

Nach dem Wiegen kommen die Uhrzeiger. Es geht um einen magischen Moment am Abend: Es ist Sonntag, wenige Minuten nach 20.15 Uhr. Das Knabberzeug steht bereit, ebenso das kühle Bier. Ein »Tatort«-Fan hat es sich auf dem Sofa gemütlich gemacht. Noch ist kein Mord passiert, aber das kann nicht mehr allzu lange dauern.
Der Mann schaut kurz auf die Wanduhr und stutzt: Sind großer und kleiner Zeiger in diesem Moment nicht exakt gleich weit von der 6 auf dem Ziffernblatt entfernt? Die Winkel scheinen in der Tat gleich groß zu sein.

Aber ist das überhaupt möglich? Und falls ja: Wie lautet die genaue Uhrzeit in diesem Moment?

Hinweis: Wir nehmen an, dass sich die Zeiger mit konstanter Geschwindigkeit drehen und nicht etwa springen.

4) Ein Gangster überlebt – aber warum?

Von ganz anderer Art ist das folgende Problem, in dem es um Leben und Tod geht. Es ist kurz vor Mitternacht, als sich fünf dunkle Gestalten auf einem düsteren Platz treffen. Die Gangster sind seit Jahren untereinander zerstritten – jetzt wollen sie die Waffen sprechen lassen. Sie stehen alle unterschiedlich weit voneinander entfernt.
Jeder von ihnen hat genau einen Schuss im Revolver und zielt auf seinen nächsten Nachbarn. Punkt Mitternacht, als die Kirchenglocke läutet, drücken die fünf Männer ab. Jeder Schuss ist tödlich.

Beweisen Sie, dass mindestens einer der Gangster überlebt!

5) Wasser im Wein

Weiter geht es mit einem Problem, bei dem man sich schnell mal verzetteln kann. Mein Tipp: Machen Sie die Sache nicht komplizierter als sie ist.

Auf dem Tisch stehen zwei identisch große Gläser. Eines ist mit Wein gefüllt, in dem anderen befindet sich exakt das gleiche Volumen Wasser. Nun schütten Sie etwas Wein in das Wasserglas und rühren die Mischung gut um. Anschließend kippen Sie vom Wein-Wasser-Gemisch so viel zurück ins Weinglas, dass beide Gläser wieder genau gleich voll sind.

Nun die Frage: Ist dann mehr Wein im Wasser oder mehr Wasser im Wein? Oder sind die Anteile vielleicht gleich groß?

Zwei Hinweise: Wir gehen davon aus, dass beim Umrühren keine Flüssigkeit verloren geht – etwa weil sie am Löffel haftet. Außerdem ignorieren wir, dass Wein neben Alkohol größtenteils aus Wasser besteht. Wir betrachten den Wein vielmehr als eine eigenständige Flüssigkeit, welche sich problemlos mit Wasser mischen lässt.

6) Bloß nichts anbrennen lassen

Im Alltag hat man eher selten mit Zündschnüren zu tun. In Knobelaufgaben sind sie trotzdem sehr beliebt, weil sie verzwickte Fragestellungen ermöglichen. Es folgen gleich zwei Rätsel dazu – ein eher leichtes und eines, das etwas mehr Hirnschmalz erfordert.

Beginnen wir mit der einfacheren Variante: Sie haben zwei Zündschnüre unterschiedlicher Länge. Beide brennen jeweils in exakt einer Minute ab. Können Sie damit die Zeit von 45 Sekunden bestimmen?

Hinweis: Sie dürfen die Schnüre nicht falten, um so die Mitte zu finden. Auch das Abmessen mit Lineal und das Anbringen von Markierungen sind nicht erlaubt.

Zweite Aufgabe: Sie haben eine Zündschnur, die eine Minute brennt. Kann man damit die Zeit von zehn Sekunden messen? Auch dabei dürfen Sie weder ein Lineal zu Hilfe nehmen noch die Schnur falten.

7) Klappt der Lauf durch die Wüste?

Waagen, Zündschnüre und Uhrzeiger sind hoffentlich abgehakt – jetzt geht es hinein in die Wüste. Gnadenlos brennt die Sonne, Schatten gibt es nirgends. Wer schon mal bei sengender Hitze durch Wüstensand gestapft ist, weiß, wie wichtig es ist, genug Wasser dabeizuhaben. Das ist auch der Hauptfigur dieses Rätsels bewusst.

Ein Sportler will in einem sechstägigen Lauf die Wüste durchqueren. An seinem Startpunkt gibt es reichlich zu essen und zu trinken. Der Mann kann aber nur Proviant für vier Tage tragen. Wie muss er vorgehen, damit die Wüstentour gelingt?

Hinweis: Wenn der Sportler mit vier Portionen Tagesproviant startet, hat er nach einem Tag nur noch drei Portionen, denn eine hat er dann ja bereits vertilgt. Der Mann darf Proviant in der Wüste deponieren.

8) Gelingt Ihnen die Ketten-Aktion?

Samuel Loyd liebte das Schachspiel und entwickelte Tausende kleiner Schachaufgaben für die Rätselspalten von Zeitungen. Wir verdanken dem Amerikaner, der von 1841 bis 1911 lebte, aber auch viele wunderschöne Knobeleien und mathematische Rätsel.

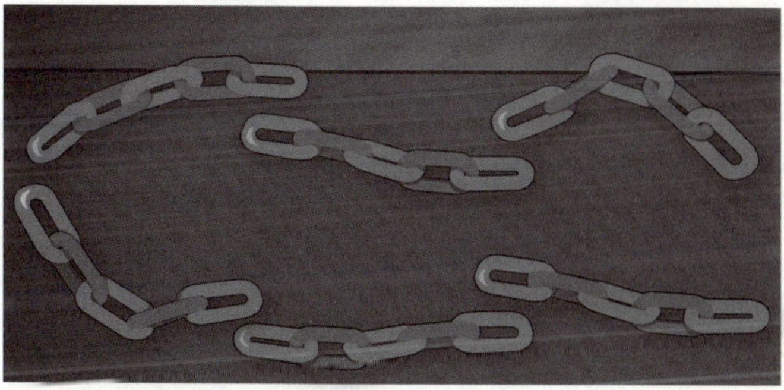

Von Loyd stammt auch das folgende Problem. Darin geht es um sechs Kettenstücke, die jeweils aus fünf Gliedern beste-

hen. Ein Bauer möchte die sechs Stücke zu einer geschlossenen Kette, bestehend aus 30 Gliedern, zusammenfügen.
Es kostet 25 Euro, ein Kettenglied aufzuschneiden und wieder zusammenzuschweißen. In einem Geschäft könnte der Bauer auch eine neue Kette aus 30 Gliedern kaufen – zum Preis von 140 Euro.
Wie viel Geld muss der Bauer ausgeben, wenn er möglichst günstig an eine geschlossene Kette kommen will, die aus 30 Gliedern besteht?

9) Koch langsam 3

Mit unterschiedlich großen Gläsern ein bestimmtes Volumen abmessen – auch das gehört zu den Rätselklassikern. Eine solche Aufgabe taucht sogar in der legendären Filmreihe »Stirb langsam« auf. Im dritten Teil des Blockbusters muss der von Bruce Willis gespielte Held John McClane ernsthaft rechnen. Er soll binnen fünf Minuten exakt vier Gallonen Wasser auf eine Waage stellen, ansonsten droht Ungemach.
Zur Verfügung stehen McClane und seinem Kompagnon Zeus (gespielt von Samuel L. Jackson) zwei verschiedene Plastikkanister, die drei beziehungsweise fünf Gallonen fassen. Die beiden sind zunächst ratlos – aber sie schaffen es schließlich tatsächlich, exakt vier Gallonen abzufüllen.

Unsere Aufgabe ist ganz ähnlich – nur dass Sie diese etwas entspannter angehen können: Sie möchten eine Soße zubereiten und benötigen dafür exakt 0,1 Liter Wasser. Leider fehlt in Ihrer Küche ein Messbecher. Zur Verfügung stehen nur zwei Gläser. Eines hat 0,3 – das andere 0,5 Liter Fassungsvermögen. Wasser gibt es zum Glück genug.

Kann die Soße trotzdem gelingen?

Zusatzfrage: Wie hat John McClane sich gerettet?

10) Schüchtern trifft extrovertiert

Wir verlassen die Küche, um zwei Klubs bei einer gemeinsamen Feier beizustehen. Jedes Jahr im Dezember veranstaltet der Klub der Schüchternen ein Festessen. Dazu lädt er traditionell Mitglieder des befreundeten Klubs der Extrovertierten ein. Ziel ist, dass sich alle Anwesenden im Umgang mit Menschen üben, die anders sind als sie selbst.
Das Festessen findet traditionell an einem großen runden Tisch statt, sodass jeder genau zwei Nachbarn hat. Wegen des starken Mitteilungsdrangs der Extrovertierten besteht für jeden Teilnehmer des Festessens, ganz besonders für die Schüchternen, die Gefahr, untergebuttert zu werden. Um das zu verhindern, darf kein Teilnehmer zwei Extrovertierte als Nachbarn haben, egal, ob er selbst schüchtern ist oder extrovertiert.

In diesem Jahr kommen von beiden Klubs jeweils 25 Mitglieder zum Festessen. Ein Schüchterner nimmt allen Mut zu-

sammen und meldet sich zu Wort: »Es ist unmöglich, alle 50 Teilnehmer so zu platzieren, dass niemand zwei extrovertierte Nachbarn hat.« Die Extrovertierten protestieren lautstark: »Natürlich geht das!«
Wer hat recht?

11) Wo sind die Äpfel, wo die Orangen?

Große Unternehmen überraschen manchen Bewerber mitunter auch mit Knobelaufgaben. Sie wollen so herausfinden, wie der potenzielle Mitarbeiter mit Problemen umgeht. Das folgende Rätsel soll aus einem Bewerbungsgespräch bei einem großen IT-Konzern in den USA stammen.
Darin geht es um »Apples and Oranges« – eine Redewendung, deren deutsche Entsprechung Äpfel und Birnen lautet. Ziel der Aufgabe ist allerdings nicht, Äpfel mit Orangen oder Birnen zu vergleichen, sondern darum, die Früchte zu finden.

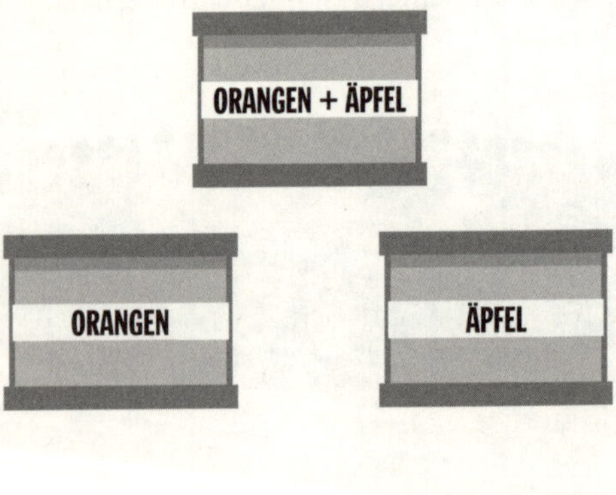

Vor Ihnen stehen drei Kisten. In einer sind nur Äpfel, in einer nur Orangen und in der dritten Äpfel und Orangen. Es gibt

auch drei zugehörige Etiketten, allerdings wurden diese dummerweise vertauscht, sodass die Beschriftung aller drei Kisten falsch ist. Sie dürfen aus einer Kiste, ohne hineinzuschauen, eine einzige Frucht entnehmen.
Reicht das, um den Inhalt aller drei Kisten korrekt anzugeben? Wie müssen Sie dabei vorgehen?

12) Treffen sich zwei Mathematiker

Das folgende Problem gefällt mir besonders gut, weil man anfangs kaum glauben möchte, dass es überhaupt lösbar ist.

Sie sehen sich nur sehr selten – die beiden Mathematiker mit einer Vorliebe für Rätsel. Nur gelegentlich besuchen sie Fachkongresse – und das ist dann auch die einzige Gelegenheit, ihr Faible für Rätsel gemeinsam auszuleben. Bei ihrem letzten Aufeinandertreffen entwickelte sich folgender Dialog:
»Hast du nicht einen Sohn?«, fragt der erste Mathematiker.
»Ja, mittlerweile habe ich sogar noch zwei weitere«, lautet die Antwort. »Zum Glück keine Zwillinge.«
»Und wie alt sind die drei jetzt?«, fragt der Erste.
»Das Produkt der Jahre entspricht genau der aktuellen Monatszahl«, antwortet der Zweite.
»Hm, das reicht mir aber noch nicht.«
»Stimmt«, antwortet der dreifache Vater. »Wenn man in genau einem Jahr die Altersjahre addiert statt multipliziert, ergibt sich wieder genau die aktuelle Monatszahl.«
Wie alt sind die drei Söhne?

Hinweis: Wir gehen davon aus, dass sich die Geburtstage zweier Geschwister um mindestens ein Kalenderjahr unterscheiden, sofern sie weder Zwillinge noch Drillinge sind. Die Monatszahl vom Januar lautet 1, die vom Februar 2 und so weiter.

13) Vier Wanderer und eine wacklige Brücke

Sie kennen sicher das Problem des Bauern, der mit einem Boot auf die andere Seite des Flusses übersetzen will – zusammen mit einem Wolf, einem Schaf und einem Kohlkopf. Ins Boot passt nur der Bauer und eines der Tiere oder der Kohlkopf. Das Schaf würde sofort den Kohlkopf fressen und der Wolf das Schaf, sobald der Bauer nicht mehr da ist. Wie bringt der Bauer sich, die Tiere und den Kohl über den Fluss?

Das Wolf-Schaf-Kohl-Problem lässt sich vergleichsweise leicht lösen. Es gibt aber auch anspruchsvollere Varianten wie die folgende: Statt eines Flusses gilt es, eine tiefe Schlucht zu überqueren. Vier Wanderer müssen dringend auf die andere Seite, weil dort in genau 60 Minuten ihr Bus abfährt.

Dummerweise ist die Brücke schon etwas klapprig, außerdem ist es ringsum stockfinster. Höchstens zwei Personen können die Brücke zugleich betreten, die Wanderer haben zudem nur eine Taschenlampe dabei. Leider ist die Lampe zu

schwach, um den Weg über die lange Brücke vom Rand aus zu beleuchten. Man muss die Leuchte deshalb bei jeder Überquerung dabeihaben.
Das ist aber noch nicht alles: Die vier Männer sind auch noch unterschiedlich fit. Der erste schafft den Weg zur anderen Seite in fünf Minuten, der zweite benötigt schon zehn Minuten. Nummer drei braucht 20 Minuten, der vierte Wanderer sogar 25.
Schaffen es die vier, ihren Bus zu kriegen? Falls ja: wie?

14) Steine versenken im See

Die letzte Aufgabe im Kapitel mit den Klassikern führt uns in die Physik. Wenn Sie eine grobe Ahnung davon haben, wie Auftrieb funktioniert, sollte das Ganze nicht allzu schwer sein.

Stellen Sie sich vor, Sie rudern mit einem Boot auf einen kleinen See hinaus. Das Boot wirkt schwerfälliger als sonst und liegt offenbar auch tiefer im Wasser als üblich. An Ihrem üppigen Frühstück kann es kaum liegen – das erhöht Ihr Gewicht ja nur minimal.
Sie schauen sich in der kleinen Schaluppe um und entdecken unter der alten Plane am Boden mehrere große, schwere Steine. Daran liegt es also! Und weil Sie gerade mitten auf dem See sind, werfen Sie die Steine einfach über Bord. Diese sinken schnell zu Boden.

Nun die Frage: Was passiert nach dem Versenken der Steine mit dem Pegelstand des Sees. Steigt er? Bleibt er gleich? Oder sinkt er?

Ganz ohne Mathe:
Futter für Querdenker

Ein Rätsel ist dann besonders spannend, wenn es keine offensichtliche Lösung gibt. Dann ist Querdenken gefragt, auch laterales Denken genannt. Die Rätsel dieses Kapitels erfordern nicht einmal Mathematik, dafür aber umso mehr Fantasie. Oft ist die Lösung nicht eindeutig – aber das soll Sie nicht stören! Nicht wundern: Manche Aufgaben sind reichlich makaber.

15) Nicht schießen, bitte!

Ein Mann betritt eine Bar und bestellt ein Wasser. Der Barkeeper schaut den Gast ein Weilchen an, greift dann nach einem Revolver, der unter der Theke liegt, und zielt damit auf ihn. Darauf bedankt sich der Mann und verlässt die Bar.
Finden Sie eine schlüssige Erklärung für das Geschehen! Seien Sie dabei einfallsreich und fantasievoll. Alles ist erlaubt.

16) Retten Sie das arme Küken!

Weiter geht's mit einem Küken, dem Sie aus der Patsche helfen sollen. Auf einer Baustelle gibt es mehrere tiefe Löcher im Beton, die kaum breiter sind als eine Faust. In eines dieser Löcher ist ein kleines Küken gefallen, das sich daraus aus eigener Kraft nicht mehr befreien kann.
Das Tier ist offenbar unverletzt, es steht auf seinen Beinen und bewegt sich. Sie wollen ihm helfen und greifen mit dem Arm in den Schacht – aber der ist mehr als einen Meter tief und sie kommen nicht bis runter zum Küken.
Versuche, das arme Tier mit einem Stock oder Ähnlichem zu bergen, verbieten sich von selbst – dabei bestünde die Gefahr, dass das Küken verletzt würde. Doch Sie können das Tier auf verblüffend einfache Weise retten. Wissen Sie wie?

17) Ein Toter in der Wüste

Mitten in einer Wüste liegt ein Mann im Sand. Bis zur nächsten Siedlung sind es Hunderte Kilometer.
Der Mann ist tot, in der Hand hält er ein abgebrochenes Streichholz. Wie kam er dorthin und warum musste er sterben?

18) Seltsamer Autofahrer

Ein Mann fährt mit dem Auto durch die Stadt und schaltet das Radio ein. Kurz danach bremst er, stoppt am Fahrbahnrand und erschießt sich. Warum?

19) Intervall-Schlaf

Eine Frau liegt im Bett und wacht auf. Anstatt aufzustehen, macht sie einen Anruf, sagt kein Wort ins Telefon, legt auf und schläft wieder ein. Dieser Ablauf wiederholt sich mehrmals. Können Sie sich das erklären?

20) Bizarrer Fund

Auf einer Wiese liegen eine vertrocknete Karotte, Kieselsteine und eine alte Mütze. Wie kommen sie dahin?

21) Hupkonzert am Motel

Es ist mitten im Sommer, das Motel unweit der malerischen Küste Kaliforniens ist bis aufs letzte Zimmer ausgebucht. Ein Mann verlässt sein Zimmer, geht zu seinem Auto, setzt sich hinein und hupt für eine Minute. Danach geht er wieder zurück ins Motel. Erklären Sie sein Verhalten!

22) Eingebung im Treppenhaus

Eine Frau läuft in einem Krankenhaus die Treppen hinunter. Plötzlich flackert das Licht kurz, schließlich geht es ganz aus. In diesem Moment wird der Frau klar, dass ihr Mann gerade gestorben ist. Warum?

23) Fataler Schuhkauf

Eine Frau kauft sich neue Schuhe und geht damit zur Arbeit. Sie überlebt den Tag nicht. Warum?

Raffiniert & clever: Werden Sie kreativ

Wer häufig Rätsel löst, entwickelt ein immer besseres Gefühl dafür, wie man Knobelaufgaben am besten angeht. Doch es gibt Probleme, bei denen die gängigen Tricks und Werkzeuge nicht funktionieren. Dann sind kreative Ideen gefragt. Gehen Sie neue Wege, um die Kopfnüsse dieses Kapitels zu knacken!

24) Er läuft und läuft – aber wie weit?

Los geht's mit einem Hund. Bello freut sich sehr, wenn er sein Herrchen sieht, und saust auf es zu. Entdeckt Bello sein Frauchen, nimmt er ebenfalls die Beine in die Hand und jagt zu ihm. Solange Herrchen und Frauchen nicht direkt nebeneinander stehen, rast der Hund zwischen ihnen hin und her.

An einem schönen Frühlingstag will Herrchen seiner Frau entgegenlaufen, die mit dem Rad von der Arbeit kommt. Bello und sein Herrchen starten genau im selben Moment von zu Hause, in dem Frauchen aufs Rad steigt und losfährt. Bello kennt den Weg durch den riesigen Stadtpark genau und

weiß, dass sein Frauchen auf dem Weg zu ihm ist. Der Weg von zu Hause bis zum Büro ist immerhin zehn Kilometer lang, der Hund rast sofort los.
Bello spurtet mit 20 km/h. Sein Herrchen ist mit einem Tempo von 5 km/h unterwegs. Frauchen fährt auf dem Rad mit einer Geschwindigkeit von 15 km/h.
Als Bello endlich das ihm entgegenradelnde Frauchen erreicht, dreht er schnurstracks um, um wieder zurück zu Herrchen zu flitzen. Dort angekommen, macht Bello sofort kehrt, um wieder zu Frauchen zu rennen. Dieses Hin und Her wiederholt sich so lange, bis Herrchen und Frauchen sich endlich treffen.
Welchen Weg legt Bello bei seinem wilden Hin- und Hergeflitze insgesamt zurück? Der Einfachheit halber gehen wir davon aus, dass der Hund immer genau 20 km/h schnell ist und keine Stopps einlegt.

25) Welche Zahl fehlt?

Gegeben ist eine Zahlenreihe. Sie sollen sagen, wie die Reihe weitergeht. Solche Fragen tauchen bei Intelligenztests immer wieder auf. Und auch das folgende Problem ist ein Check für Ihre analytisch-kreativen Fähigkeiten.

In der Tabelle fehlt eine Zahl. Welche ist das?

53	126	37
83	175	29
37	711	44
10	?	83

26) Die Katze mit den magischen Kräften

Auf den verrückten Hund folgt eine noch verrücktere Katze mit magischen Kräften. Das Tier möchte von Tromsø im Norden Norwegens nach Oslo laufen. Es sind 1.800 Kilometer – aber die Katze schreckt das nicht, denn sie kann wahnsinnig schnell rennen.
Weil sie so gern beschleunigt, hat sie sich mit einem Seil eine Blechdose an den Schwanz gebunden. Bei jedem Satz, den sie macht, schlägt die Dose hinter ihr scheppernd auf den Boden.

Immer wenn die Katze das Scheppern hört, verdoppelt sie augenblicklich ihre Geschwindigkeit. Ein Satz ist genau einen Meter lang. Diese Länge ändert sich nicht, auch wenn die Katze schneller rennt. Abgesehen von der augenblicklichen Verdopplung ihrer Geschwindigkeit gelten für das Tier die Gesetze der Physik.
Die Katze startet um 9.00 Uhr mit 15 km/h gen Oslo. Zu welcher Uhrzeit kommt sie dort an?

27) Haarige Berliner

Beweisen Sie, dass es mindestens zwei Berliner gibt, die exakt gleich viele Haare auf dem Kopf haben!

28) Welcher Schalter ist für welche Lampe?

Sie stehen allein im Keller eines Hauses – außer Ihnen ist niemand im Haus. An der Wand befinden sich drei Schalter, die in der Stellung »Aus« stehen. Sie wissen, dass über diese drei Schalter drei Lampen im ersten Stock angeschaltet werden. Dummerweise haben Sie keine Ahnung, welcher Schalter mit welcher Lampe verbunden ist.
Vom Keller aus sieht man leider nicht, welche Lampe gerade brennt. Sie dürfen nur ein einziges Mal hoch in den ersten Stock steigen, um zu überprüfen, wie der oder die Schalter wirken. Wie finden Sie die richtige Zuordnung?

29) Was tun gegen Diebe beim Paketdienst?

Das Problem der Lichtschalter haben Sie hoffentlich locker gemeistert, es wird nämlich jetzt noch etwas kniffliger.

Herbert ist verliebt in Angelika. Sie wohnen zwar Tausende Kilometer voneinander entfernt, chatten aber jeden Tag miteinander und senden sich Nachrichten. Jetzt hat Herbert einen schönen Diamantring gekauft und will ihn Angelika schicken.

Dummerweise arbeiten beim Paketdienst aber einige Langfinger. Sie öffnen heimlich jede Sendung und wenn sie darin etwas Wertvolles entdecken, lassen sie es verschwinden. Selbst Schlüssel lassen sie mitgehen – vielleicht braucht man die ja später noch? Einzig an Kisten, die mit einem Vorhängeschloss gesichert sind, trauen sich die Diebe nicht ran.

Deshalb hat sich Herbert eine Kiste und mehrere Vorhängeschlösser mit passenden Schlüsseln angeschafft. Auch bei Angelika steht eine solche Kiste samt Schlössern und Schlüsseln im Keller. Die beiden haben aber ein Problem: Jeder besitzt nur Schlüssel für seine eigenen Schlösser – nicht für die, die der andere hat.

Die Frage ist: Kann Herbert Angelika den Diamantring schicken, ohne dass er verloren geht? Wie müssen die beiden vorgehen?

30) Unschlagbare Springer

Unter den Schachfiguren spielt der Springer eine besondere Rolle. Er beherrscht Züge, die nicht einmal der besonders mächtigen Dame erlaubt sind. Im folgenden Rätsel geht es um eine Frage, die mit dem eigentlichen Schachspiel höchstens am Rande zu tun hat.

Wie viele Springer können Sie auf ein Schachbrett der Größe 8×8 stellen, sodass kein Springer einen anderen in einem Zug schlagen kann? Beweisen Sie, dass keine größere Zahl möglich ist!

Hinweis: Auf einem Feld des Schachbretts darf maximal eine Figur stehen. Und falls Sie nicht genau wissen, wie sich ein Springer bewegt: Er zieht zwei Felder geradeaus und dann ein Feld nach links oder rechts. Schlagen kann er nur Figuren, die auf dem Feld stehen, auf dem er landet. Figuren, die auf überstrichenen Feldern stehen, werden mit dem Zug nicht geschlagen.

31) Möge der Langsamste gewinnen – nur wie?

Das Springerproblem ist hoffentlich gelöst! Ihre nächste Aufgabe besteht darin, zwei jungen Männern beim Streiten um viel Geld behilflich zu sein.

Ein König will sein Vermögen einem seiner beiden Söhne vermachen. Im Testament hat er verfügt, dass derjenige den

gesamten Reichtum erhält, der das langsamere Pferd besitzt. Er hat auch die Strecke für das Wettrennen festgelegt: vom Schloss über die Brücke zur Stadt und wieder zurück.
Beide Söhne setzen sich auf ihr Pferd und reiten so langsam wie möglich los. Sobald einer einen Minivorsprung hat, stoppt er sein Tier, worauf der andere ebenfalls anhält. Sie kommen kaum einen Meter weit. So würde das Rennen niemals ein Ende finden, das ist ihnen schnell klar.
Zufällig kommt ein weiser Mann des Wegs, der die beiden Söhne frustriert auf ihren Gäulen sitzen sieht. »Was ist denn mit euch los?«, fragt er. »Warum steht ihr hier vor eurem Schloss mit euren Pferden?« Die Söhne erklären ihm die Situation und dass sie nicht wüssten, wie es weitergehen solle.
Der weise Mann bittet beide Brüder abzusteigen und setzt sich mit ihnen auf eine Bank vorm Schloss. Er redet ein Weilchen auf sie ein, bis die beiden plötzlich aufspringen, sich in die Sättel schwingen und so schnell wie möglich gen Stadt galoppieren. Keine zehn Minuten später kommen sie zurück und der Empfänger des Erbes steht fest.
Was hat der weise Mann den Brüdern gesagt?

32) Die cleveren Logik-Zwerge

Wie können sich Zwerge nach der Farbe ihrer Mützen sortieren, wenn sie weder miteinander sprechen dürfen noch ihre eigene Mütze sehen? Das ist die Frage im folgenden Rätsel.

In einer dunklen Höhle leben Logik-Zwerge, die entweder eine weiße oder eine schwarze Mütze aufhaben. Die Zwerge wissen nicht, wie viele von ihnen es gibt. Einmal im Jahr dürfen sie die Höhle verlassen und bekommen eine Aufgabe gestellt. Können

sie diese lösen, sind sie frei. Misslingt die Lösung, müssen sie für ein weiteres Jahr zurück in die Finsternis.
In diesem Jahr lautet die Aufgabe: Stellt euch nebeneinander auf, und zwar so, dass die Zwerge mit einer weißen Mütze auf der einen Seite stehen und die mit schwarzer Mütze auf der anderen. Dummerweise kann keiner der Zwerge die Farbe seiner eigenen Mütze sehen. Zudem dürfen die Zwerge weder miteinander reden noch sich auf sonstige Weise verständigen oder einander Hinweise geben, etwa mit der Hand oder den Augen. Auch Tricks wie die Verwendung von Spiegeln sind verboten.
Ausdrücklich nicht verboten ist den Zwergen aber, ihren scharfen Verstand zu nutzen. Und in der Tat bekommen sie es auf Anhieb hin, sich nach der Farbe der Mützen getrennt aufzustellen. Wie haben sie das bloß angestellt?

33) In die Brüche gehen

Bruchrechnen lernen wir in der Schule – und ganz ehrlich: Auch ich finde es nicht gerade erbaulich. Aber wie in fast allen Gebieten der Mathematik existieren auch fürs Bruchrechnen geniale Tricks, mit denen das Ganze dann doch richtig Spaß macht. Ein schönes Beispiel ist die folgende Aufgabe:

Berechnen Sie die Summe aus 999 Brüchen, wobei jeder dieser Brüche einen anderen Nenner hat. Schaffen Sie das?

$$x = \frac{1}{1 \times 2} + \frac{1}{2 \times 3} + \frac{1}{3 \times 4} + \ldots + \frac{1}{998 \times 999} + \frac{1}{999 \times 1.000}$$

Bitte verwenden Sie weder einen Taschenrechner noch Tabellenkalkulationsprogramme wie Excel!

34) Gut abgewogen

Im Kapitel mit den Rätselklassikern gab es bereits eine Aufgabe, bei der Sie mit nur einer einzigen Wägung zu schwere Schokoladentafeln finden sollten. Dabei wussten Sie, dass in genau einer von zehn Paletten sämtliche Tafeln 5 Gramm zu schwer waren. In der folgenden Aufgabe geht es praktisch um dasselbe Problem, aber sie ist noch etwas schwieriger.

Im Lager stehen fünf mit kleinen Stahlkugeln gefüllte Kisten. Jede Kugel sollte eigentlich genau 10 Gramm wiegen. Doch wegen Fehlern in der Produktion kann es eine oder mehrere Kisten geben, deren Kugeln sämtlich 11 Gramm auf die Waage bringen – also ein Gramm zu schwer sind.
Ihre Aufgabe ist, die Kisten mit den 11-Gramm-Kugeln zu identifizieren. Sie dürfen beliebig viele Kugeln aus den Kisten herausnehmen – aber die Waage, welche die Masse via Digitaldisplay anzeigt, dürfen Sie nur ein einziges Mal benutzen. Wie finden Sie die Kiste beziehungsweise die Kisten mit den zu schweren Kugeln?

Schlümpfe, Lügner, Häftlinge: Logik zählt

Zu den besonders beliebten Knobeleien gehören Logikrätsel. Oft löst man sie mit einer systematischen Fallunterscheidung. Aber manchmal sind auch neue Ideen gefragt. Etwa wenn man die Farbe seiner Mütze erraten soll oder das Durcheinander aus Lügen und Wahrheiten schnell entwirren will.

35) Wer ist der Dieb?

Wäre unser Leben nicht einfacher, würden wir alle immer nur die Wahrheit sagen? Psychologen haben da so ihre Zweifel. Sie glauben, dass Lügen als eine Art sozialer Kitt fungieren. Ganz ehrlich: Wer will schon immer und überall die ungeschminkte Wahrheit hören? Dann doch lieber ein schmeichelhaftes, geflunkertes Lob.
Und auch aus Sicht von Logikliebhabern gelten Lügen als segensreich. Denn sie sind ein zentrales Element vieler spannender Rätsel. So auch beim folgenden:

Im Museum wurde ein wertvolles Gemälde gestohlen. Auf der Überwachungskamera ist schemenhaft eine Person zu erkennen, offenbar handelte der Dieb allein.
Die Polizei hat vier Männer festgenommen und befragt. Nur einer sagt die Wahrheit, die drei anderen lügen. Hier sind die Aussagen:

A) Ich habe das Gemälde nicht gestohlen.
B) Person A lügt!
C) Person B lügt!
D) B hat das Gemälde gestohlen.

Finden Sie heraus, wer die drei Lügner sind! Wissen Sie damit auch, wer das Gemälde gestohlen hat?

36) Lügner unter sich

Wir bleiben bei Menschen, die es mit der Wahrheit nicht so genau nehmen. In der vorherigen Aufgabe war vorgegeben, wie viele Lügner es gibt. Das ist bei diesem Rätsel anders:

Vier seltsame Herren kommen zusammen und jeder macht eine Aussage:

Person 1: »Einer von uns lügt.«
Person 2: »Zwei von uns lügen.«
Person 3: »Drei von uns lügen.«
Person 4: »Wir lügen alle vier.«

Frage: Wer sagt die Wahrheit, wer lügt?

Hinweis: Wir gehen davon aus, dass jede der Personen entweder stets die Wahrheit sagt oder stets lügt.

37) Kommen drei Logiker in eine Bar …

Leute, die streng logisch denken, sagen mitunter komische Sachen. Das geht auch dem Barkeeper durch den Kopf, als er eine Bestellung aufnehmen will.
Denn die drei Helden dieses Rätsels sind ausgewiesene Logik-Experten – und sie machen immer wieder ihre Späße mit seltsam klingenden, formal aber vollkommen logischen Aussagen.

Die drei Denkfreunde haben Feierabend und wollen gern noch gemeinsam einen trinken gehen. Sie betreten eine Bar. Dem Barkeeper fallen die drei sofort auf. Die sind eher selten hier, denkt er.

Er geht auf die drei zu und fragt: »Na, nehmt ihr alle ein Bier?«
Was dann folgt, verwirrt ihn.
»Ich weiß es nicht«, antwortet der erste Mann.
»Keine Ahnung«, der zweite.
Der dritte schließlich sagt freudestrahlend: »Ja!«
Der Barkeeper schaut die Gäste irritiert an. Wie viele Gläser Bier muss der Barkeeper den Gästen nun bringen?

38) Vier Fußballvereine und eine Umfrage

Was für ein seltsames Dorf! Jeder Einwohner ist entweder ein notorischer Lügner, oder er sagt stets die Wahrheit. Außerdem ist jeder Einwohner Anhänger genau eines der vier Fußballvereine A, B, C und D, die es in dem Dorf gibt.

Ein Meinungsforschungsinstitut hat allen 250 Dorfbewohnern die folgenden vier Fragen gestellt:

1) Sind Sie Anhänger von Team A?
2) Sind Sie Anhänger von Team B?
3) Sind Sie Anhänger von Team C?
4) Sind Sie Anhänger von Team D?

Auf die erste Frage antworteten 90 mit Ja, auf Frage zwei gab es 100 Ja-Antworten, bei den Fragen drei und vier waren es jeweils 80 Ja.

Wie viele Lügner leben in dem Dorf?

39) Lügner am Tisch

Um einen ovalen Tisch herum sitzen mehrere Personen. Ein Teil der Anwesenden gehört zur Gruppe der Lügner, die anderen sagen stets die Wahrheit. Jeder Anwesende sagt über jeden seiner beiden Sitznachbarn, diese seien Lügner.
Eine am Tisch sitzende Frau erklärt: »Wir sind genau elf Personen.« Daraufhin lacht ein ebenfalls am Tisch sitzender Mann laut los: »Haha, die Frau lügt. Wir sind zehn!«
Wie viele Personen sitzen am Tisch? Wie viele davon lügen?

40) Lügner auf einer Insel

Weiter geht's mit einem Logik-Klassiker, der es in sich hat. Hier kommen Sie mit einer systematischen Fallunterscheidung nicht weiter, mit der sich ansonsten viele Logikaufgaben lösen lassen. Vielmehr ist Ihre Kreativität gefragt.

Sie befinden sich auf einer Insel, auf der zwei Stämme leben. Die einen sagen stets die Wahrheit, die anderen lügen immer. Äußerlich unterscheiden sich die Menschen nicht, man kann also nicht erkennen, ob jemand zum Stamm der Lügner gehört oder nicht.

Sie wollen zum Inselschloss gehen und kommen an eine Weggabelung mit zwei Schildern. Auf beiden steht »Schloss« – aber die Schilder zeigen in unterschiedliche Richtungen. Offensichtlich hat sich jemand einen Scherz erlaubt, denn Sie wissen von früheren Reisenden, dass nur ein Weg zum Schloss führt.

Zum Glück sitzt an der Weggabelung ein Mann, den Sie nach dem Weg fragen können. Er ist von der Insel – aber welchem Stamm er angehört, wissen Sie nicht. Sie dürfen ihm genau eine Frage stellen, um den Weg herauszufinden. Welche Frage müssen Sie stellen, damit das gelingt?

Tipps zur Lösung:

Sie könnten den Mann zunächst fragen: »Was ist eins plus eins?« Aus der Antwort würden Sie erfahren, ob er ein Lügner ist oder nicht, denn der Lügner würde keinesfalls »zwei« antworten. Danach könnten Sie nach dem Weg fragen und wüssten dank der ersten Frage, wie Sie die Antwort interpretieren müssten. Ein Lügner würde Sie in die falsche Richtung schicken – und Sie nehmen dann einfach den anderen Weg.
Doch dies ist keine Lösung für das Rätsel, denn Sie stellen dem Mann dabei zwei Fragen. Erlaubt ist nur eine Frage.

Die Schwierigkeit des Rätsels besteht darin, dass Lügner und Wahrheitssager auf fast alle Fragen unterschiedlich antworten würden. Weil Sie nicht wissen, welchem Stamm der Mann angehört, kommen Sie mit solchen Fragen nicht zum Ziel.

Was Sie brauchen, ist eine Frage, welche die Angehörigen beider Stämme gleich beantworten. Und solche Fragen gibt es tatsächlich!

41) Ein Wanderer, zwei Fragen und drei Gespenster

Die richtige Frage an der Weggabelung zu finden, ist schon schwer genug, wenn der Befragte ein Lügner sein kann oder einer, der stets die Wahrheit sagt.
Jetzt wird die Aufgabe noch vertrackter: Es gibt nicht nur Lügner und ehrliche Geschöpfe, sondern auch solche, die gelegentlich lügen, aber eben nicht immer.

Ein Wanderer ist auf der Suche nach einer Herberge. Es ist bereits dunkel, als er an eine Weggabelung kommt. Dort stehen drei Gespenster. Jedes hat sein ganz eigenes Verhältnis zur Wahrheit. Das Gespenst des Tages sagt stets die Wahrheit, das Gespenst der Nacht lügt immer und das Gespenst der Dämmerung sagt je nach Lust und Laune mal die Wahrheit, mal lügt es.

Die drei Geister sehen gleich aus, man kann nicht erkennen, wer welches Gespenst ist. Der Wanderer darf allerdings nur zwei Fragen stellen. Und zwar entweder beide an dasselbe Gespenst oder an zwei verschiedene.
Wie muss der Wanderer vorgehen, um den richtigen Weg zu finden?

Tipps zur Lösung:
Gäbe es nur Lügner und Wahrheitssager unter den Gespenstern, würde wie bei Rätsel 40 eine einzige Frage genügen. Diese Frage müsste erneut so formuliert sein, dass Lügner wie Wahrheitssager sie gleich beantworten. Eine mögliche Frage würde lauten: Wohin würde mich ein Gespenst der anderen Sorte, als du es bist, schicken? Das Gespenst des Tages würde den falschen Weg zeigen – ebenso wie das Gespenst der Nacht. Der Wanderer müsste dann einfach den Weg nehmen, der nicht gezeigt wurde.
Doch bei diesem Rätsel gibt es noch das Gespenst der Dämmerung, dessen Antworten unkalkulierbar sind. Das verkompliziert die Sache! Aber da Sie ja diesmal zwei Fragen stellen dürfen, gibt es mindestens eine Möglichkeit, mit dieser Unsicherheit umzugehen.

Welchem der drei Gespenster der Wanderer die erste Frage stellt, ist offensichtlich völlig egal. Alle sehen gleich aus – und der Wanderer weiß nicht, wer zu welcher Gespenstersorte gehört.
Weil der Wanderer zwei Fragen stellen darf, ist es wahrscheinlich so, dass die Antwort auf die erste Frage darüber entscheidet, welches der drei Gespenster als Zweites befragt wird.
Wichtig wäre auf jeden Fall, dass der Wanderer mit der ersten Frage sicherstellt, dass er die zweite Frage keinesfalls an das

Gespenst der Dämmerung stellt. Denn dessen gleichsam gewürfelte Antwort würde kaum weiterhelfen.
Es geht also darum, mit der ersten Frage ein Gespenst oder gar beide Gespenster zu identifizieren, die nicht das Gespenst der Dämmerung sind. Hilft Ihnen das weiter?

42) Ein Allwissender in Nöten

Eine clevere Logikerin und ein weiser Mann treffen sich jeden Nachmittag zum gemeinsamen Tee. Sie denken sich dabei immer wieder kleine Spielchen aus oder wetten miteinander.

Schon mehrfach hat die Logikerin versucht, den weisen Mann aufs Glatteis zu führen. Aber gelungen ist ihr das bisher nicht. Es liegt wohl auch daran, dass der weise Mann tatsächlich allwissend ist und jede Frage wahrheitsgemäß beantwortet.
Doch eines Nachmittags hat die Logikerin eine Idee: Sie stellt dem weisen Mann eine besondere Frage, die er nur mit Ja oder Nein beantworten kann. Trotz seiner Allwissenheit gelingt es dem Mann nicht, eine Antwort zu geben.
Welche Frage hat die Logikerin gestellt?

43) Fünf Mützen und drei Gefangene

Im Märchen bringt oft eine gute Fee die Rettung. In Rätseln wie dem folgenden ist es die Logik, die aus der Patsche hilft.

Die Hoffnung auf ein Leben in Freiheit haben die drei Männer schon lange aufgegeben. Schließlich sitzen sie wegen diverser Banküberfälle lebenslang hinter Gittern. Doch der neue Gefängnisdirektor gewährt ihnen eine Chance auf Begnadigung. Und zwar dann, wenn mindestens einer von ihnen seine Mützenfarbe fehlerfrei nennt.

Der Gefängnisdirektor weiß, dass alle drei als überdurchschnittlich intelligent gelten. Er lässt zwei schwarze und drei weiße Mützen zu den Gefangenen bringen. Jedem Häftling wird von hinten eine dieser Mützen aufgesetzt. Die Häftlinge können ihre eigene Mütze nicht sehen, wohl aber die ihrer Mitgefangenen. Miteinander zu sprechen ist ihnen ebenso verboten wie jede sonstige Verständigung.

Der Direktor lässt die drei zu sich bringen und fragt dann einen nach dem anderen nach der Farbe seiner Kopfbedeckung. Der Befragte kann eine Farbe nennen oder sagen: »Ich weiß es nicht.« Sofern mindestens einer der drei Häftlinge die richtige Farbe sagt und keiner eine falsche Angabe macht, werden sie begnadigt. Da der Direktor die Aufgabe besonders schwer machen wollte, hat er allen drei Häftlingen eine weiße Mütze aufsetzen lassen.
»Welche Farbe hast du?«, fragt der Direktor den ersten Gefangenen. »Ich weiß es nicht«, lautet dessen Antwort.

Auch der zweite Gefangene antwortet: »Ich weiß es nicht.« Nun ist der letzte Häftling dran. Er überlegt einige Minuten und sagt dann die richtige Antwort: »Weiß.« Wie hat er das herausgefunden?

44) Verlogen oder ehrlich?

Ein Schiffbrüchiger treibt auf eine Insel zu – dort leben Lügner und ehrliche Menschen. Gern würde der Seemann jemanden finden, der ihm die Wahrheit sagt. Aber wie stellt er das an?

Der Mann im Rettungsring nähert sich der Insel. Die See ist aufgewühlt, es regnet. Nur schemenhaft erkennt der Mann drei Menschen. Wer davon ein Lügner ist und wer nicht, weiß er nicht.

Um herauszufinden, welche der drei Gestalten ehrlich ist, ruft der Mann in Richtung der linken Person: »Was bist du für einer?« Die Antwort wird vom Wind verschluckt.
Daraufhin ruft der Schiffbrüchige zur Person in der Mitte: »Sag mir bitte, was der Erste gesagt hat!« Als Antwort hört er: »Ich bin ein Ehrlicher.«
Nun ruft der Mann in Richtung der dritten Gestalt, die rechts steht: »Was bist du für einer – und was sind die anderen?«. Der Gefragte schreit zurück: »Ich bin ein Ehrlicher und die anderen beiden sind Lügner.«
Wem kann der Schiffbrüchige auf jeden Fall trauen?

45) Wie retten die Schlümpfe ihr Leben?

Vor mehr als 50 Jahren erfand der belgische Zeichner Pierre Culliford die Schlümpfe. Eine wichtige Figur in der Comicserie ist der Zauberer Gargamel, der den Schlümpfen immer wieder Böses antun will. Der Hexenmeister und 100 Schlümpfe sind auch die Protagonisten dieses Rätsels.
Vorgeschlagen hat es ein Leser, der als Lehrer arbeitet. »Viele meiner Schüler verzweifeln daran, aber die cleveren Schüler lösen das Rätsel – allerdings nicht in wenigen Minuten«, schreibt er. Hier ist seine Kopfnuss:

Gargamel hat 100 Schlümpfe gefangen. Jeder ist in einer eigenen Zelle eingesperrt, die Schlümpfe können untereinander nicht kommunizieren. Am ersten Tag lässt Gargamel alle 100 Gefangenen in einen großen Saal bringen, in dem eine Glühbirne an der Decke hängt.

»Aus diesem Kerker gibt es eigentlich kein Entkommen«, sagt er zu den Schlümpfen. »Aber ich gebe euch eine Chance, wieder in Freiheit zu gelangen. Ich werde ab morgen jeden Tag einen von euch nach dem Zufallsprinzip auswählen, aus seiner Zelle holen und in diesen Saal führen. Der ausgewählte Schlumpf kann den Lichtschalter einmal betätigen und so das Licht an- oder ausschalten. Er kann aber auch nichts tun, das bleibt ihm überlassen. Anschließend bringe ich den Schlumpf wieder zurück in seine Zelle.«
Die Gefangenen schauen sich ratlos an. Worauf will Gargamel hinaus?
Der Zauberer fährt fort: »Wenn eines Tages einer von euch in den Saal geführt wird und zu der Erkenntnis gelangt, dass alle anderen Schlümpfe schon mindestens einmal in dem Raum gewesen sind, soll er es mir sagen und ihr alle werdet freikommen. Liegt der Schlumpf aber daneben, dann müsst ihr alle sterben!«
Jetzt sind die Schlümpfe noch ratloser. Wie soll das gehen?
»Ihr dürft jetzt noch ein Weilchen gemeinsam in diesem Saal bleiben und euch absprechen«, sagt Gargamel. »Ich habe das Licht im Saal eingeschaltet und es bleibt auch an, wenn ihr in einer Stunde wieder in eure Zellen gebracht werdet. Danach werdet ihr euch nie mehr wiedersehen!«

Die Schlümpfe sind zum Glück schlauer, als Gargamel denkt. Sie finden eine Strategie, die ihnen die Freiheit bringt. Wie sieht sie aus?

46) Rettende Logik

Das Geld wird knapp am Hofe und der König muss sparen. Auf die opulenten Feste und sein großes Gestüt will er natürlich nicht verzichten. So geraten die Stellen der zehn Logiker auf die Streichliste, die den König schon seit Jahren beraten, meist beim Schachspielen.
Doch der König hat auch Mitleid mit den zehn Denkern, die ihn immer wieder mit ihrer scharfen Logik beeindrucken. Er will ihnen eine Chance geben, ihre gut dotierten Jobs zu behalten. Sie müssen nur die folgende Aufgabe lösen:

»Ihr stellt euch der Größe nach in einer Reihe auf. Links der Größte, rechts der Kleinste. Jeder blickt in Richtung der Kleineren und darf sich weder umdrehen noch aus der Reihe heraustreten. Dann setze ich jedem einen schwarzen oder weißen Hut auf. Den eigenen Hut könnt ihr nicht sehen, nur die der vor euch Stehenden. Jeder soll die Farbe seines Hutes sagen, beginnend links mit dem Größten. Erlaubt sind nur die Worte Schwarz oder Weiß.«

Die zehn Logiker schauen ratlos. Wie soll das gehen?
»Ihr habt fünf Minuten, euch kurz zu beraten – dann müsst ihr euch aufstellen und bekommt die Hüte aufgesetzt. Wenn mindestens neun von euch zehn die richtige Farbe nennen, dürft ihr weiter am Hofe für mich arbeiten.«

Die zehn Logiker beraten sich – und schon nach zwei Minuten sind sie bereit. Tatsächlich meistern sie die Aufgabe und retten so ihre Jobs. Wie sind sie vorgegangen?

Kacheln & Kreise:
Hauptsache linientreu

Erst drehen wir uns im Kreis, dann siegen wir auf ganzer Linie. Überall ist Geometrie – und das Schöne an ihr ist, dass sie so schön anschaulich ist. Das erleichtert mitunter das Lösen von Geometrierätseln. Aber nicht immer!

47) Verflixte Spirale

Beim ersten Problem geht es gleich richtig rund: Auf einen langen, schmalen Zylinder ist eine Linie gezeichnet, die wie eine Spirale von oben nach unten verläuft. Wie lang ist diese Linie?

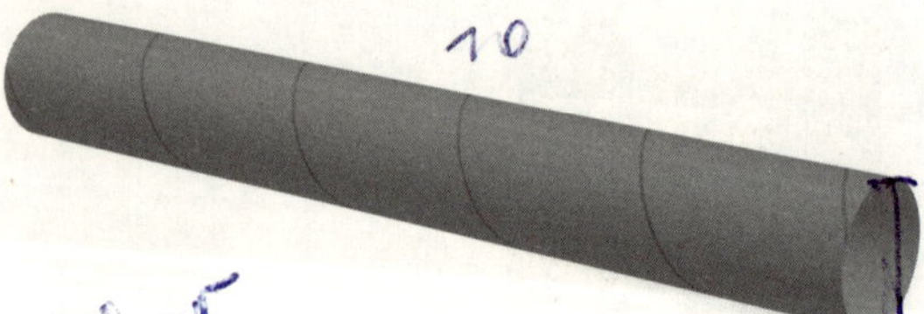

Der Zylinder soll zehn Zentimeter lang sein und einen Durchmesser von einem Zentimeter haben. Die spiralförmige Linie beginnt an einem Ende des Zylinders und endet in genau zehn Zentimetern Abstand auf der gegenüberliegenden Seite des Zylinders. Die Linie steigt gleichmäßig an und umrundet den Zylinder genau fünfmal.

Wie lang ist die Linie?

48) Aus einem Quadrat werden zwei

Der Ärger war programmiert: Zwei Brüder erben gemeinsam eine quadratische Tafel, die einst im Haus ihres Opas hing. Jeder möchte die Tafel gern selbst aufhängen – aber das geht natürlich nicht. Vielleicht lässt sich das gute Stück ja auch geschickt aufteilen, sodass jeder eine eigene quadratische Tafel bekommt?

Die Tafel besteht aus fünf mal fünf bunten Kacheln mit jeweils einer Blume in der Mitte. Am besten wäre, wenn man sie in möglichst wenige Stücke zersägen könnte. Um die 25 kleinen Quadrate nicht zu beschädigen, darf nur entlang der Linien gesägt werden, welche die Kacheln voneinander trennen.

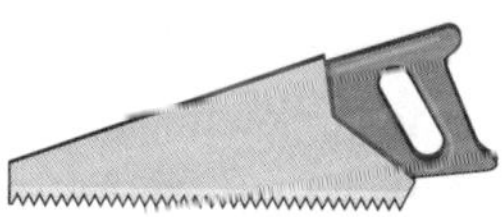

Die Brüder wissen natürlich, dass nur zwei unterschiedlich große Quadrate als Lösung möglich sind, sofern alle 25 Kacheln verwendet werden. Das eine Quadrat besteht dann aus neun Kacheln (3 × 3), das andere aus 16 (4 × 4). Die Summe ergibt 25 (5 × 5).

Zerlegen Sie die quadratische Tafel mit der Säge in möglichst wenige Stücke, die Sie dann zu zwei Quadraten zusammenfügen können. Wichtig: Die Blumen sollen auch auf den beiden kleineren Tafeln aufrecht stehen.

49) Lass es kacheln!

Was für ein hübsches Muster aus Dreiecken und Sechsecken! Stellen Sie sich vor, Sie stehen in einem unendlich großen Raum, der mit diesem Muster gefliest ist.
Die Dreiecke sind schwarz, regelmäßig und alle gleich groß, die Sechsecke sind weiß, regelmäßig und ebenfalls alle gleich groß. Die Seitenlänge der Dreiecke ist exakt halb so lang wie jene der Sechsecke – siehe folgende Zeichnung.

Wenn Sie den gekachelten Boden von oben betrachten: Welchen Anteil hat dann die Farbe Schwarz an der Gesamtfläche?

Hinweis: Wir gehen der Einfachheit halber davon aus, dass die Fugen zwischen den Fliesen vernachlässigt werden, also eine Breite von null haben.

50) Das Kreuz mit dem Kreis

Im nächsten Rätsel kommen Rechnen und Geometrie noch einmal zusammen. Trotzdem hat die Aufgabe nicht allzu viel gemein mit Routineaufgaben aus einem Schultest. Das Rechnen ist nämlich erst der zweite Schritt. Zunächst ist scharfes Denken gefragt.

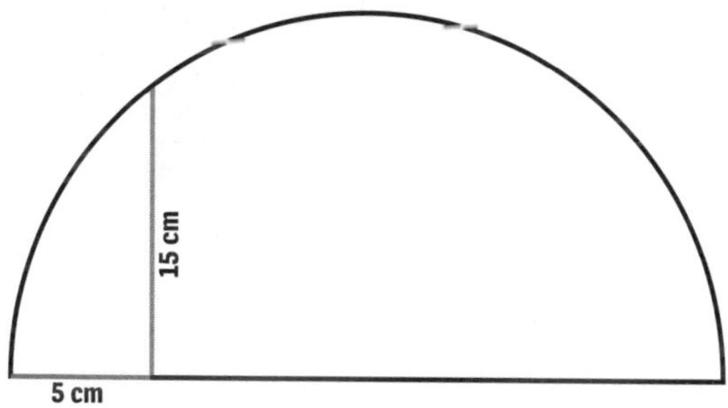

Gegeben ist ein Halbkreis. Wir kennen den Radius nicht. Auf dem Durchmesser ist von links eine Strecke von fünf Zentimetern Länge abgetragen (grau). Senkrecht zum Durchmesser genau am rechten Endpunkt der grauen Strecke steht eine zweite Strecke. Sie geht vom Durchmesser bis zum Rand des Kreises und ist 15 Zentimeter lang.
Wie groß ist der Radius des Kreises?

51) Ein Bauer, ein Baum und eine dreieckige Weide

Ums Erbe wird oft gestritten – und manchmal können sogar Geometriekenntnisse helfen, damit sich die Beteiligten gütig einigen.

Ein Bauer möchte seinen beiden Kindern eine große Weidefläche vermachen. Sohn und Tochter sollen jeweils genau die Hälfte des dreieckigen Grundstücks bekommen.

Es gibt allerdings ein Problem dabei: Genau am Rand des Weidelands steht ein alter Kirschbaum. Beide Kinder lieben ihn – als sie klein waren, sind sie oft auf ihm herumgeklettert. Beide möchten den Baum am liebsten in ihrer Weidenhälfte haben. Um den Konflikt zu lösen, beschließt der Bauer Folgendes: Der Baum soll genau auf der Grenze zwischen den beiden Grundstücken stehen, die durch die Aufteilung des Weidelandes entstehen. So gehört er Sohn und Tochter weiterhin gemeinsam.

Die folgende Skizze zeigt die Lage des Baumes. Das Dreieck ABC markiert die Grenzen der Weidefläche. Der Baum steht am Punkt X auf der Dreiecksseite BC.

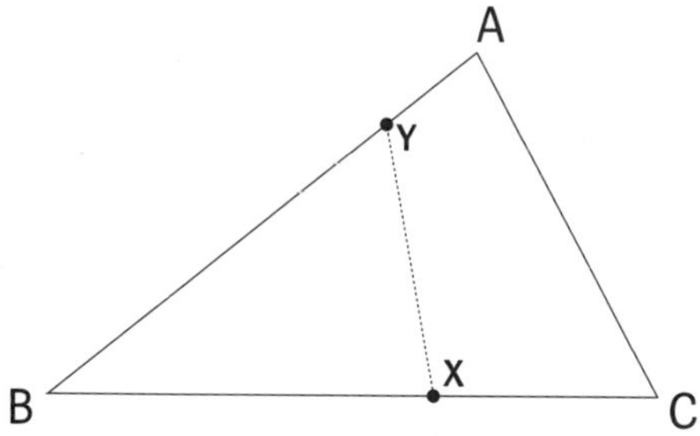

Wie findet man den Punkt Y auf der Seite AB, sodass die Strecke XY die Dreiecksfläche genau halbiert?

Man könnte die Lösung natürlich leicht ausrechnen, wenn man die Seitenlängen kennt. Aber Sie sollen den Punkt Y konstruieren. Mit Stift, Lineal, Dreieck und Zirkel – ohne die Skalen von Lineal und Dreieck zu verwenden.

52) Bauprojekt mit zwei Pyramiden

Es war eine Prüfung, über die viel diskutiert wurde: Im Oktober 1980 bearbeiteten – wie jedes Jahr – Millionen Highschool-Schüler in den USA einen Fragebogen des Preliminary Scholastic Aptitude Tests.
Die erreichten Punktzahlen waren und sind bis heute ein wichtiger Faktor bei der Bewerbung um die begehrten Uni-Stipendien. Zu den besonders kniffligen Aufgaben gehörte das folgende Geometrieproblem.

Gegeben sind zwei Pyramiden. Eine hat eine dreieckige Grundfläche, es handelt sich um ein sogenanntes regelmäßiges Tetraeder mit vier Seitenflächen.

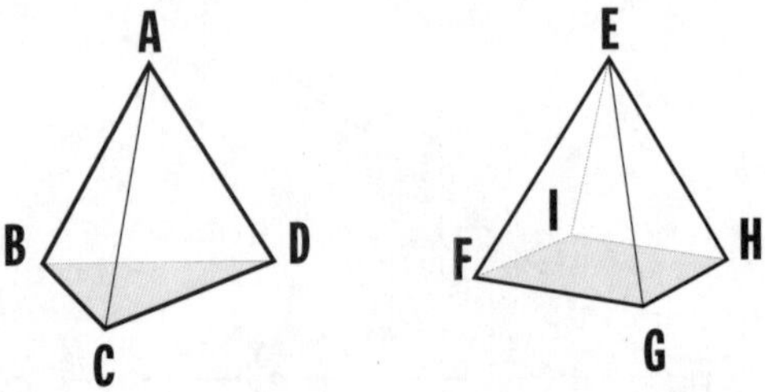

Bei der anderen Pyramide bildet ein Quadrat die Grundfläche, die vier dreieckigen Seitenflächen sind ebenfalls gleichseitig. Dieser Körper hat daher fünf Außenflächen.
Sämtliche Kanten bei beiden Pyramiden sind gleich lang. Deshalb passt das Dreieck ABC des Tetraeders auch genau auf das Dreieck EFG der anderen Pyramide. Man kann beide Pyramiden daher so zusammenfügen, dass die beiden Flächen exakt aufeinanderstoßen.

Nun die Frage: Wie viele Außenflächen hat der dadurch entstandene Körper? Sind es 5, 6, 7, 8 oder 9?

53) Schließt sich der Kreis?

Die nächste Aufgabe stammt vom japanischen Rätselerfinder Kobon Fujimura.

Gegeben ist ein Viertelkreis, in den zusätzlich zwei Halbkreise eingezeichnet sind, deren Durchmesser genau dem Radius des Viertelkreises entspricht – siehe Zeichnung. Durch die Bögen der beiden Halbkreise entstehen zwei geschlossene Flächen, die hier dunkelgrau und hellgrau gekennzeichnet sind.

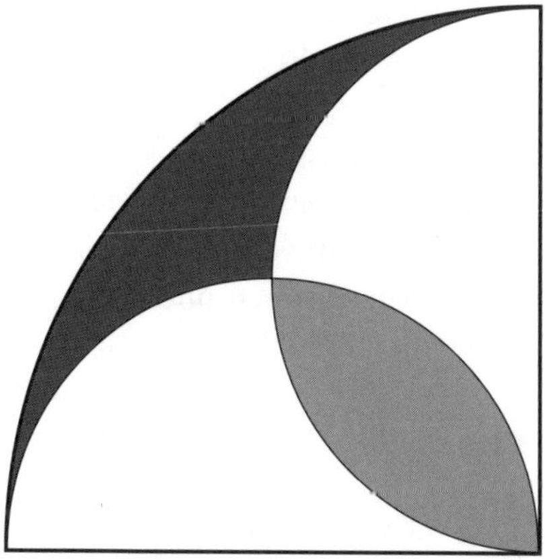

Zeigen Sie, dass die dunkelgraue und die hellgraue Fläche gleich groß sind.

54) Verwinkelter Würfel

Jetzt ist räumliches Denken gefragt! Schauen Sie sich bitte den linken Würfel an. Auf zwei benachbarten Seiten ist jeweils eine Diagonale gezeichnet. Die beiden Linien treffen sich an der Ecke vorn oben.

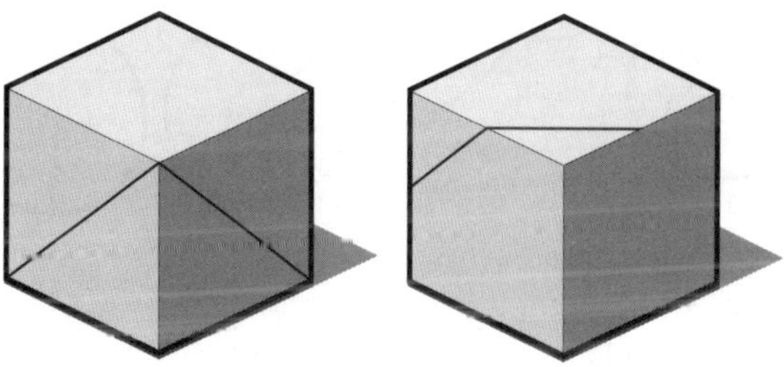

Wie groß ist der Winkel zwischen diesen beiden dunklen Linien? *Hinweis*: Es sind nicht 90 Grad.

Und es gibt noch eine Zusatzaufgabe: Auf dem Würfel rechts sind ebenfalls auf zwei benachbarten Seiten Linien gezeichnet. Die beiden Linien verbinden die Mittelpunkte aneinandergrenzender Würfelkanten und treffen sich an der gemeinsamen Kante oben links.
Noch mal dieselbe Frage: Wie groß ist der Winkel zwischen den beiden dunklen Strichen? (Auch hier sind es nicht 90 Grad!)

55) Wie viele Scheiben werden gebraucht?

Wie viele Kreisscheiben vom Radius 1 werden mindestens benötigt, um eine Kreisscheibe vom Radius 2 vollständig zu überdecken?

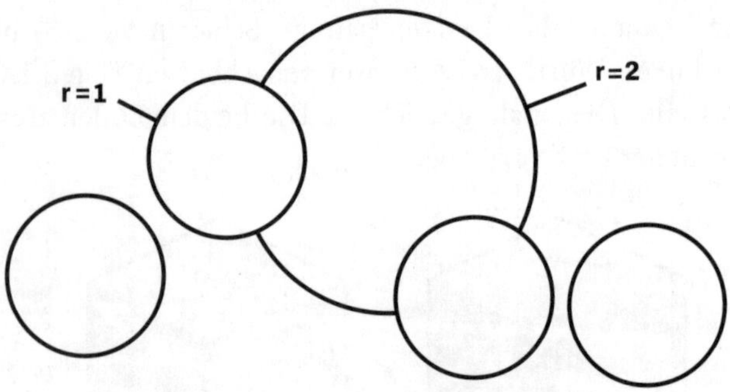

56) Die Kugel passt genau

Gegeben ist ein Würfel mit der Kantenlänge a, dem eine Kugel mit Radius a/2 einbeschrieben ist. Der Mittelpunkt der Kugel befindet sich genau im Mittelpunkt des Würfels. In die Würfelecken sollen kleinere Kugeln eingefügt werden, die jeweils die drei Würfelflächen, die in der Ecke zusammenstoßen, und die große Kugel berühren. Wie groß ist der Radius der kleinen Kugeln?

57) Immer schön auf dem Teppich bleiben

Ein Teppich ist äußerst praktisch. Man kann Dinge darunterkehren. Und er kaschiert wunderbar hässliche Stellen auf dem Boden. Genau darum geht es im folgenden Rätsel.

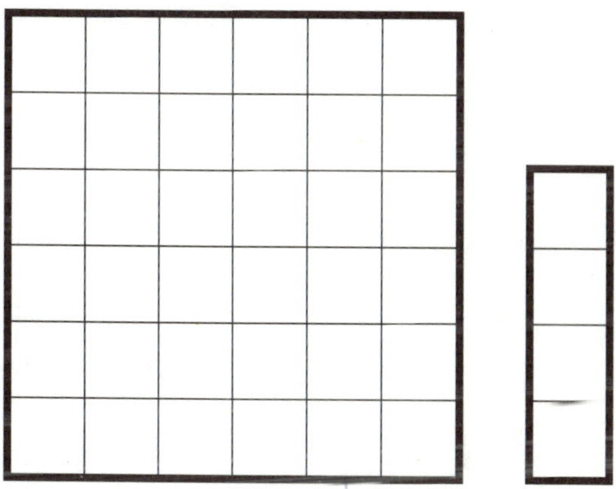

Der Zimmerboden ist hinüber. Sie könnten den Boden abschleifen oder auch neues Parkett verlegen. Am günstigsten wäre jedoch ein Teppich. Glücklicherweise haben Sie noch zwei Stücke im Keller liegen, die genau passen würden.

Die zwei Teppichstücke sind 6 mal 6 Meter und 4 mal 1 Meter groß. Das ergibt eine Fläche von insgesamt $36+4=40$ Quadratmetern. Exakt so groß ist auch der Raum, der mit Teppich ausgelegt werden soll – nämlich 8 mal 5 Meter.
Damit die Aufgabe nicht zu leicht wird, dürfen Sie mit dem Messer nur ein Teppichstück in zwei Teile zerschneiden. Der Schnitt kann gerade sein, es sind aber auch Schnitte um die Ecke oder in Kurvenform erlaubt. Den Teppich falten oder rollen und dann das Messer ansetzen dürfen Sie jedoch nicht.

Schaffen Sie es, eines der Teppichstücke so in zwei Teile zu zerschneiden, dass Sie mit den sich ergebenden drei Stücken die 8 mal 5 Meter große Fläche exakt abdecken können?

Aus Eins mach Vier:
Knobeleien mit Zahlen

Ein verrückter Taschenrechner, ein Kassierer, der Euro und Cent vertauscht, und ein genialer Zaubertrick – in diesem Kapitel müssen Sie mit allem rechnen. Sicher ist nur eins: Es geht um Zahlen.

58) Alter gesucht

Wir beginnen mit einer Familie, die aus Mutter, Vater und zwei Töchtern besteht. Der Vater ist zwei Jahre älter als die Mutter. Multipliziert man das Alter aller vier Familienmitglieder, erhält man die Zahl 44.950. Wie alt sind die vier Personen?

Hinweis: Das Alter wird in vollen Lebensjahren ausgedrückt, ist also eine ganze Zahl.

59) Welche Zahl fehlt?

Die nächste Aufgabe ist typisch für Intelligenz- oder Einstellungstests. Vorgegeben sind mehrere Zahlen in einem Raster – und an einer Stelle steht ein Fragezeichen.

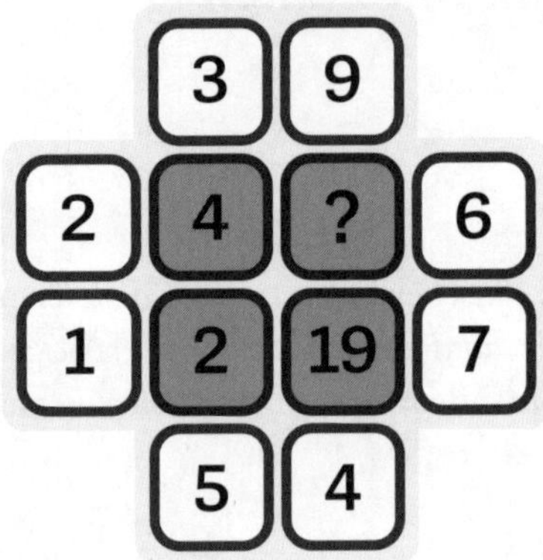

Sie müssen herausfinden, welche Zahl dort eigentlich stehen sollte. Selbstverständlich steckt eine Regel dahinter …

60) Der Taschenrechner spinnt!

Beim Addieren von Zahlen gibt es eigentlich keine Spielräume. 1 + 1 ist 2. Eine andere Lösung existiert nicht. Zumindest nicht, solange man mit den gängigen Regeln für natürliche Zahlen rechnet.

Doch der Taschenrechner, um den es hier geht, funktioniert anders. Er spuckt ganz seltsame Ergebnisse aus, wenn man ihn zum Addieren von Zahlen benutzt. Tippt man beispielsweise 8 + 3 ein, erscheint als Ergebnis 510. Da scheint irgendetwas nicht zu stimmen.

$$8 + 3 = 510$$
$$9 + 1 = 89$$
$$18 + 7 = 1.124$$
$$12 + 4 = 815$$
$$6 + 2 = ?$$

Hat ein Scherzkeks den Rechner so umprogrammiert, dass er die Ergebnisse auswürfelt? Welche Zahlen man auch zum Addieren eintippt – die Resultate sind falsch und erscheinen willkürlich.

Aber vielleicht steckt ja doch ein System dahinter? Wenn das der Fall ist, müssten Sie vorhersagen können, was der Rechner beim Addieren von 6 und 2 als Ergebnis ausgibt. Welche Zahl erscheint dann im Display?

61) Teilbar durch 45?

Was ein Teiler einer natürlichen Zahl ist, wissen Sie hoffentlich. Wenn Sie dann auch noch etwas Kombinatorik beherrschen, wird Ihnen die folgende Aufgabe kaum Probleme machen.

Wie viele natürliche Zahlen gibt es, die jede der Ziffern 1, 2, 3 … 9 genau einmal enthalten und durch 45 teilbar sind?

62) Jonglieren mit Potenzen

Sie haben vielleicht schon von Rechengenies gehört, die im Kopf die 13. Wurzel aus einer hundertstelligen Zahl ziehen können. Und dafür nur ein paar Sekunden brauchen.
Keine Angst, Sie müssen das jetzt nicht machen. Die Aufgabe ist im Vergleich dazu ein Kinderspiel:

Auf welche Ziffer endet die Zahl
$111^6 + 222^6 + 333^6 + 444^6 + 555^6$?

Eine Bitte: Benutzen Sie für die Lösung weder Taschenrechner noch Computer!

63) Forty + ten + ten = sixty

Diesen Rätseltyp kennen Sie sicher schon: Die Buchstaben stehen für eine der Ziffern 0 bis 9. Gleiche Buchstaben bedeuten gleiche, verschiedene Buchstaben verschiedene Ziffern. Welche Addition verbirgt sich dahinter?

```
forty
 +ten
 +ten
-----
sixty
```

64) Finden Sie die passende Zahl

Agneta, Bert, Clara und Dennis haben sich gemeinsam eine natürliche Zahl ausgedacht und auf einen Zettel geschrieben. Ihre Freunde sollen die Zahl erraten und deshalb machen die vier jeweils zwei Aussagen dazu (die Namen sind mit A, B, C und D abgekürzt):

A1: Die Zahl ist dreistellig.
A2: Das Produkt aller Ziffern ist 23.
B1: Die Zahl ist durch 37 teilbar.
B2: Die Zahl besteht aus drei gleichen Ziffern.
C1: Die Zahl ist durch 11 teilbar.
C2: Die Zahl endet mit null.
D1: Die Quersumme ist größer als 10.
D2: Die Ziffer der Hunderterstelle ist weder die größte noch die kleinste der Ziffern.

Um das Rätsel noch ein bisschen schwieriger zu machen, erklären die vier außerdem, dass jeder von ihnen bei einer seiner zwei Aussagen die Wahrheit gesagt hat und bei der anderen nicht.

Finden Sie alle Zahlen, die auf dem Zettel stehen könnten!

Gestellt wurde diese Aufgabe übrigens Schülern der 10. Klasse bei der Mathematik-Olympiade im Jahr 2010. Und zwar in der Regionalrunde, der zweiten von vier Stufen. Sie gehört damit zu den anspruchsvolleren, aber noch nicht wirklich schwierigen Aufgaben.

65) Wenn Ziffern die Plätze tauschen

Manche Zahlen haben kuriose Eigenschaften – Sie sollen jetzt nach solchen Sonderlingen fahnden!

Gibt es natürliche Zahlen n (n größer als 0), die mit 6 multipliziert ein Produkt ergeben, das die gleichen Ziffern enthält wie die Ausgangszahl n – aber in umgekehrter Reihenfolge?

Ein Beispiel: Wenn 139 eine Lösung für n wäre, müsste 139×6 genau 931 ergeben, was aber nicht der Fall ist – das Ergebnis lautet vielmehr 834. 139 erfüllt die Forderung der Aufgabe deshalb nicht.

66) Magie mit Zahlen

Einmal pro Monat treffen sich drei Zauberkünstler, um über Tricks zu plaudern. Die Magier sind immer auf der Suche nach neuen Ideen, weil aus dem Hut gezauberte Kaninchen, hinterm Ohr versteckte Geldscheine und spurlos verschwundene Münzen sie langweilen.

Alle drei haben ein Faible für Zahlen – und so lesen sie mit großem Interesse eine E-Mail, die ihnen ein befreundeter Kollege aus Südkorea geschickt hat. Darin wird ein Trick mit Zahlen beschrieben, allerdings nur unvollständig:

»Ich bitte einen Zuschauer, sich eine beliebige zweistellige Zahl auszudenken und sie mir nicht zu verraten. Dann soll er die Zahl viermal hintereinander schreiben, sodass eine achtstellige Zahl entsteht. Ich frage den Zuschauer anschließend nach seiner Lieblingsfarbe und seinem Geburtsdatum. Nach kurzer Bedenkzeit behaupte ich, ich würde nun einen Teiler dieser Zahl kennen – eine zweistellige Zahl, die ich euch hier aber noch nicht verraten möchte. Ich lasse den Zuschauer dann mit einem Taschenrechner nachrechnen. Bis jetzt hat es immer gestimmt!«

»Cooler Trick«, sagt der erste Zauberer. »Ich glaube, es ist die 73. Die achtstellige Zahl ist durch 73 teilbar.«
Zauberer Nummer zwei ergänzt: »Sie müsste auf jeden Fall durch 13.837 teilbar sein.«
»13.837?«, entgegnet der dritte Magier. »Mit so großen Zahlen kann ich nicht rechnen. Aber 83 ist ganz sicher ein Teiler der achtstelligen Zahl.«

Wer hat recht?

67) Verrückte Rechnerei

Wie Zahlen addiert werden, haben wir in der Schule gelernt. Aber auf dem folgenden Zettel wurde offenbar nach einer anderen Methode gerechnet.

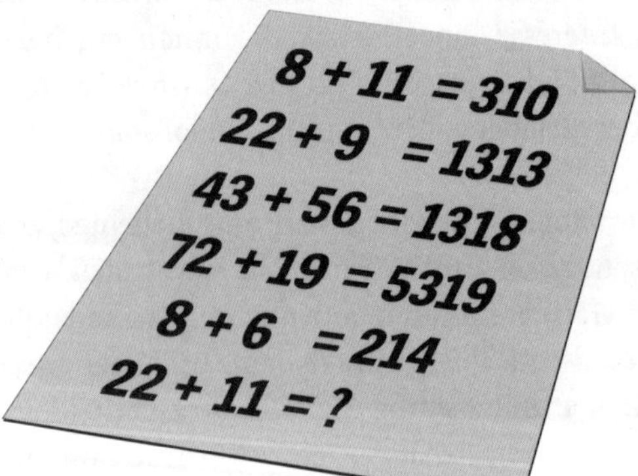

In jeder Zeile geht es um die Summe zweier Zahlen – doch das Ergebnis stimmt nirgends. 8 + 11 ergibt nie und nimmer 310. Und auch 22 + 9 ist keinesfalls 1.313.

Aber vielleicht steckt ja doch ein System dahinter? Falls ja, dann wissen Sie sicher auch, was 22 + 11 ergibt.

68) Euro und Cent verwechselt

Maria spielt Lotto und hat endlich mal etwas gewonnen. Es ist zwar nur ein Dreier – aber immerhin! Sie geht zum Kiosk und lässt sich die Summe auszahlen.

Neben Maria steht ein älterer Herr, der eine Zeitung kaufen möchte, aber beim Blick in seine Geldbörse feststellt, dass ihm fünf Cent fehlen. Maria, nach dem Lottoglück in Spendierlaune, schenkt dem Mann fünf Cent von ihrem Gewinn. Zu Hause angekommen, zählt Marie das Geld nach und staunt. Sie weiß genau: Ihr Portemonnaie war vollkommen leer, als sie sich den Gewinn abgeholt hat. Nun befindet sich darin jedoch genau doppelt so viel Geld, wie auf dem Lotto-Auszahlungsbeleg steht. Wie kann das sein?
Sie schaut sich die Summen genau an, ihr fallen auch die fünf Cent wieder ein, die sie dem Mann geschenkt hat. Dann wird ihr schnell klar, was geschehen ist: Der Mann an der Kasse hat Euro und Cent verwechselt, er hat ihr den Centbetrag in Euro und den Eurobetrag in Cent ausgezahlt.

Wie hoch war Marias offizieller Gewinn?

69) Der Rest für die Schwester

Zwei Brüder verkaufen ihre gemeinsame Actionfigur-Sammlung. Der Erlös je Figur ist ein glatter Eurobetrag und genauso groß wie die Anzahl der Figuren. Den Erlös verteilen die beiden folgendermaßen:

Der erste Bruder erhält 10 Euro, der zweite 10 Euro, dann wieder der erste 10 Euro, der zweite 10 Euro und so weiter. Nachdem der erste zum letzten Mal 10 Euro erhalten hat, verbleibt ein Rest, der kleiner als 10 Euro ist. Diesen Rest schenken sie ihrer kleinen Schwester.

Wie viel Geld hat das Mädchen bekommen?

Geschwister, Roulette, Sport: Gut kombiniert

Wie gut können Agenten andere observieren? Wie viele Verlierer hat ein Tischtennisturnier? In den Rätseln dieses Kapitels geht es um Kombinatorik und Wahrscheinlichkeitsrechnung. Was meinen Sie: Wie groß sind Ihre Erfolgschancen?

70) Wie viele Mädchen sind in der Gastfamilie?

Es gibt ein Alter, in dem gehen Jungs und Mädchen sich lieber aus dem Weg. Christina ist da eigentlich längst raus, aber bei ihrer Gastfamilie in England wäre sie doch lieber unter Mädchen. Der Organisator des Schüleraustauschs garantiert allerdings nur, dass jedes Mädchen in eine Familie kommt, in der es genau zwei Geschwisterkinder gibt, von denen mindestens eins ein Mädchen ist.
Christina hat schon mal grob überschlagen, was das für sie bedeutet: Geht man davon aus, dass in etwa genauso viele Jungen wie Mädchen geboren werden, dürften ihre Chancen ungefähr bei 1/2 stehen, auf zwei Mädchen zu treffen, glaubt sie.

Aber stimmt das auch? Und falls nicht: Wie groß ist die Wahrscheinlichkeit stattdessen?

71) Agententraining

Bei der Ausbildung machen angehende Geheimdienstler eine Übung auf einem großen, belebten Platz. Ihre Anzahl ist ungerade. Sie verteilen sich auf dem Platz so, dass die Entfernungen zwischen zwei Agenten sämtlich unterschiedlich sind. Jeder Agent soll den ihm am nächsten stehenden Agenten im Auge behalten.

Zeigen Sie, dass dann immer mindestens ein Agent unbeobachtet bleibt! (Das Problem ist übrigens eine verallgemeinerte Variante des Rätsels Nummer 4, »Ein Gangster überlebt – aber warum?«, aus dem ersten Kapitel.)

72) Das größte Tischtennisturnier der Welt

Es nützt nichts, gut zu sein, wenn niemand davon weiß. Das ist auch dem Bürgermeister der chinesischen Metropole Ping-Pong-Town bewusst. Seine Stadt hat mehr als eine Million Einwohner – deren Tischtennisbegeisterung ist allerdings außerhalb Chinas kaum bekannt. Obwohl der Bürgermeister den Ort ja schon extra hat umbenennen lassen.

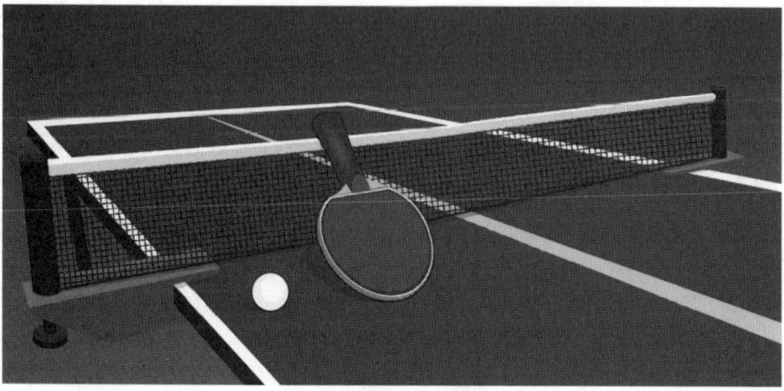

Damit Ping-Pong-Town endlich auch international bekannt wird, will die Stadt das größte Tischtennisturnier der Welt veranstalten. Genau 1.111.111 Menschen sollen mitmachen. Der Modus ist wie folgt: Jedem Teilnehmer wird ein Gegner zugelost. Gespielt wird im K.-o.-System. Wer ein Spiel verliert, scheidet aus. Bei einer ungeraden Spielerzahl rutscht ein Spieler kampflos in die nächste Runde.

Nun die Frage: Nach wie vielen Partien steht der Sieger fest?

73) Russisches Roulette für Fortgeschrittene

Jetzt wird es makaber. Es geht um russisches Roulette, ein potenziell tödliches Glücksspiel, das immer wieder in Filmen auftaucht. Es erfordert einen Revolver, in dessen Trommel in der Regel sechs Patronen passen. Man steckt jedoch meist nur eine einzige hinein. Ein Spieler dreht die Trommel, ohne zu wissen, in welcher Position sie zum Stehen kommt, hält sich den Revolver an den Kopf und drückt ab.

Spielen soll das natürlich niemand, es geht hier vielmehr um ein Gedankenexperiment. Stellen Sie sich vor, Sie befinden sich in der Hand eines gemeinen Verbrecherkönigs. Dieser zeigt Ihnen die Trommel seines Revolvers. Sie sehen, dass sich darin nicht nur eine, sondern gleich zwei Patronen befinden – und zwar direkt nebeneinander. Die anderen vier Kammern der Trommel sind leer.

Der fiese Gangsterboss dreht die Trommel, zielt auf eine Lampe und drückt ab. Es geschieht nichts, kein Schuss löst sich. Daraufhin richtet er die Waffe auf Sie und fragt: »Soll ich gleich noch mal abdrücken oder ist es dir lieber, wenn ich vorher die Trommel noch ein paar Runden drehe?«

Wie lautet Ihre Antwort? Wann sind die Chancen größer, mit dem Leben davonzukommen?

74) Wer verlor das zweite Spiel?

Die drei Kinder Alex, Brit, Clea spielen ein Tischtennisturnier. Dabei treten immer zwei gegeneinander an und das dritte Kind schaut zu. Wer ein Spiel gewinnt, bleibt an der Platte stehen. Der Gewinner spielt im nächsten Match ge-

gen das Kind, das zuvor ausgesetzt hat. Wer hingegen verliert, muss das folgende Spiel aussetzen.
Als der Nachmittag herum ist, zählen die drei durch, wie oft sie gespielt haben. Alex kommt auf 10 Spiele, Brit auf 15 und Clea auf 17.

Nun die Frage: Wer hat das zweite Spiel verloren?

75) Wer macht das Rennen?

Wie soll man ein Wettrennen angehen? Lieber mit hohem Tempo gleich an die Spitze gehen? Oder erst mal Körner sparen und in der zweiten Hälfte der Strecke aufdrehen? Die Renntaktik entscheidet oft über Sieg und Niederlage – auch in diesem Rätsel.

Zwei Läufer treffen sich zu einem Duell. Kurioserweise sind beide gleich schnell – und zwar sowohl, wenn beide langsam gehen, als auch, wenn beide schnell rennen. Für den Wettlauf hat jeder seine eigene Renntaktik festgelegt:

Läufer 1 wird die erste Hälfte der Strecke langsam gehen und die zweite Hälfte schnell rennen.
Läufer 2 wird die erste Hälfte der Gesamtzeit langsam gehen und die zweite Hälfte der Gesamtzeit schnell rennen.

Frage: Wer ist zuerst im Ziel?

76) Verlierer beim Schachturnier

Sechs Spieler treffen sich zu einem Schachturnier. Jeder spielt gegen jeden – und zwar genau einmal. Wie üblich gibt es bei einem Remis für jeden der beiden Spieler einen halben Punkt. Ansonsten bekommt der Gewinner einen Punkt und der Verlierer 0 Punkte. Als das Turnier vorbei ist, stellt sich heraus, dass jeder Spieler eine andere Punktzahl hat.

Welche maximale Punktzahl kann der Letztplatzierte in einem solchen Turnier erreicht haben? Beweisen Sie Ihre Aussage und geben Sie eine Turnierergebnisliste an, bei der der Letzte diese Punktzahl tatsächlich erreicht!

77) Streit unter Lottospielern

Millionen Menschen spielen Lotto und hoffen auf das große Glück. Auch Max, Sabine und Bert gehören dazu. Sie tippen bei 6 aus 49 plus Superzahl. Einen Hauptgewinn bekommen die drei dann, wenn sie sowohl bei den sechs Zahlen als auch bei der Superzahl richtigliegen. Bei der Superzahl gibt es zehn Möglichkeiten von 0 bis 9.

Gewonnen haben die Spieler bislang aber noch nie. Max ärgert sich darüber, er wundert sich auch immer wieder über die Superzahl, die sie bislang noch nie richtig getippt haben.

»Wäre es nicht besser, wir würden 7 aus 49 spielen, wenn es das gäbe?«, fragt Max. »Ich glaube, dann hätten wir größere Chancen auf einen Hauptgewinn. Eine Superzahl gäbe es dann natürlich nicht.«
Sabine widerspricht: »Bei einem Lottospiel 7 aus 49 hätten wir geringere Gewinnchancen als jetzt bei 6 aus 49 plus Superzahl.«
Bert ist unentschieden: »Ich habe das Gefühl, dass die Chancen auf den Hauptgewinn gleich groß sind.«

Wer hat recht?

78) Feiert schön!

Das Länderspiel am 11. Oktober 2016 war Routine. Mit 2:0 besiegte die deutsche Fußballnationalmannschaft Nordirland. Schon nach 13 Minuten fiel das erste Tor, vier Minuten später folgte das zweite. Danach war die Luft raus, der Weltmeister aus dem Jahr 2014 schaltete zwei Gänge runter. Spektakuläre Torszenen? Fehlanzeige.

Mathematisch gesehen war die Partie jedoch durchaus spannend. Denn es gab ein kleines Kuriosum. Unter den 22 Spielern, die zu Beginn auf dem Rasen standen, waren zwei, die am selben Tag Geburtstag feiern. Der nordirische Torwart Michael McGovern und Mittelfeldspieler Shane Ferguson wurden an einem 12. Juli geboren. Nur in unterschiedlichen Jahren – der erste 1984, der andere 1991.

Die Frage ist nun: Kommt so etwas öfter vor? Wie groß ist die Wahrscheinlichkeit, dass es unter den 22 Spielern mindestens zwei mit demselben Geburtstag gibt?

Hinweis: Wir berücksichtigen beim Geburtstag nur Tag und Monat, nicht das Geburtsjahr. Zudem gehen wir der Einfachheit halber davon aus, dass es nur 365 verschiedene Geburtstage gibt, der 29. Februar aus Schaltjahren also gar nicht als Geburtstag vorkommt.

79) Zehn misstrauische Räuber

Ganoven, Geld, Schlüssel und Schlösser – das sind gängige Ingredienzien für eine Knobelaufgabe. Eine besonders schöne Variante möchte ich Ihnen hier vorstellen:

Zehn Männer haben gemeinsam einen Safe geknackt und verstauen das gestohlene Geld in einem Versteck in einer großen Truhe.
Die Räuber misstrauen einander. Daher beschließen sie, die Truhe so zu verschließen, dass nur vier beliebige Räuber gemeinsam die Truhe öffnen können. Sind weniger als vier Räuber anwesend, darf sich die Truhe nicht aufschließen lassen.
Wie viele verschiedene Vorhängeschlösser müssen an der Truhe angebracht werden, damit das gelingt? Und wie viele Schlüssel werden benötigt?

Hinweis: Zwei Schlösser sind offenbar zu wenig, weil dann ja nicht ausgeschlossen werden kann, dass zwei zufällig ausgewählte Räuber gemeinsam die beiden erforderlichen Schlüssel besitzen und zu zweit an das Geld kommen.

80) Apfelkisten gerecht aufteilen

In einer Lagerhalle stehen 20 Kisten mit Äpfeln. Jede Kiste enthält mindestens einen und nicht mehr als 30 Äpfel. Die Anzahl der Äpfel ist in jeder Kiste anders, das heißt: Wählt man zufällig zwei Kisten aus, unterscheidet sich die Apfelzahl in jedem Fall.
Die beiden Brüder Sesam und Bert sollen beide je vier Kisten inklusive der darin befindlichen Äpfel bekommen. Beweisen Sie, dass man stets für jeden vier Kisten so auswählen kann, dass beide auch gleich viele Äpfel erhalten!

Fähren, Treppen, Brücken: Bewegung ist alles

In diesem Kapitel dreht sich alles um Fahrräder, Autos, Rolltreppen, Ruderboote, Fähren und Eisenbahnen. Die Aufgaben mögen einfach aussehen – aber sie haben es in sich!

81) Zwei Radfahrer auf der Brücke

Ein Radfahrer fährt mit konstanter Geschwindigkeit über eine 100 Meter lange Brücke. Als er 40 Meter über die Brücke

gerollt ist, begegnet er einem anderen Radfahrer, der ihm mit derselben Geschwindigkeit entgegenkommt.
Ein Auto fährt in derselben Richtung wie der erste Radfahrer mit 70 km/h über die Brücke. Es begegnet dem zweiten Radfahrer, als dieser gerade die Brücke verlässt, und überholt den ersten Radfahrer genau am anderen Ende der Brücke.

Wie schnell sind die Radfahrer gefahren?

82) Ist die Fähre noch zu schaffen?

Ein Autofahrer möchte mit seiner Familie auf einer Nordseeinsel Urlaub machen. Er hat die Fähre schon Monate vorher gebucht und fährt so los, dass er mit einer durchschnittlichen Geschwindigkeit von 120 km/h genau rechtzeitig am Fähranleger ist.
Doch es kommt, wie es kommen muss: Wegen diverser Baustellen und Staus schafft er auf der ersten Hälfte der Strecke nur einen Schnitt von 80 km/h. Wie schnell muss er auf der zweiten Hälfte durchschnittlich fahren, um trotzdem pünktlich anzukommen und die Fähre nicht zu verpassen?

Ein Hinweis: Wir wissen nicht, wo der Autofahrer gestartet ist – diese Information ist für die Lösung der Aufgabe auch nicht nötig.

83) Wie viele Stufen hat die Rolltreppe?

Sie laufen eine nach oben fahrende Rolltreppe aufwärts und sind nach 60 Stufen oben angekommen. Dort machen Sie kehrt und laufen die weiterhin nach oben fahrende Rolltreppe entgegen ihrer Fahrtrichtung nach unten. Nach 90 Stufen kommen Sie unten an. Ihre Laufgeschwindigkeit relativ zur Treppe soll aufwärts und abwärts gleich sein.

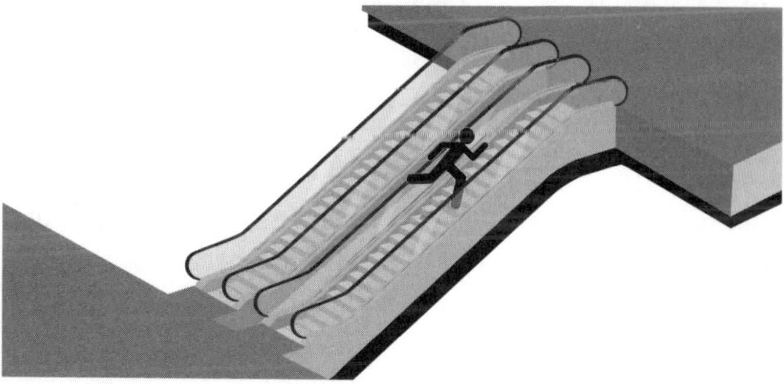

Frage: Wie viele Stufen müssen Sie von unten nach oben gehen, wenn die Rolltreppe steht?

84) Zwei Ruderer und eine Mütze

Zwei Männer sind in einem Ruderboot auf einem Fluss unterwegs. Sie haben sich schon einen Kilometer flussaufwärts gequält, als plötzlich eine Mütze ins Wasser fällt und mit der Strömung wegtreibt. Die beiden rudern jedoch weiter flussaufwärts – und zwar für genau fünf Minuten.

Dann drehen sie um und rudern flussabwärts der Mütze hinterher, die sie aber längst aus den Augen verloren haben. Die Männer schonen sich nicht: Sie bewegen die Ruder mit derselben Frequenz und Kraft wie gegen die Strömung.

Nach genau fünf Minuten haben sie die Mütze eingeholt und fischen sie aus dem Wasser. Und seltsamerweise geschieht dies genau an der Stelle, an der sie ihre Bootstour begonnen haben.
Nun die Frage: Wie schnell fließt der Fluss?

Hinweis: Wir nehmen an, dass sowohl die Fließgeschwindigkeit als auch die Geschwindigkeit des Ruderbootes relativ zum ruhenden Wasser konstant ist. Unterschiede beim Luftwiderstand wollen wir ebenso vernachlässigen wie die kurze Zeitspanne, die die beiden fürs Wenden benötigen.

85) Vom Winde verweht

Eine Radfahrerin fährt jeden Tag ihre Trainingsstrecke. Sie führt 15 Kilometer schnurstracks nach Osten und von da wieder zurück. An einem Tag weht ein starker Westwind konstanter Stärke. Sie braucht für den Hinweg genau 30 Minuten. Auf dem Rückweg bläst ihr der Wind kräftig ins Gesicht, für diesen Teil der Strecke benötigt sie 40 Minuten.
Wie viele Minuten braucht die Radfahrerin normalerweise für die 15 Kilometer bis zum Wendepunkt, wenn kein Wind weht?

Hinweis: Wir gehen davon aus, dass die Sportlerin immer mit derselben Kraft tritt, egal, woher der Wind weht oder ob es windstill ist. Außerdem nehmen wir der Einfachheit halber an, dass Rückenwind ihre Geschwindigkeit um denselben Betrag erhöht, um den ihn Gegenwind senkt.

86) Rundfahrt garantiert

Es gibt einfach zu wenige gut ausgebaute Straßen! Diese Klage hört man immer wieder von Autofahrern, Spediteuren oder Handelskammervertretern. Um ein offenbar nur teilweise ausgebautes Schnellstraßennetz geht es auch im folgenden Rätsel.

Sechs Städte betreiben ein gemeinsames Schnellstraßennetz. Bekannt ist, dass jede Stadt mit mindestens drei anderen durch eine Schnellstraße direkt verbunden ist.

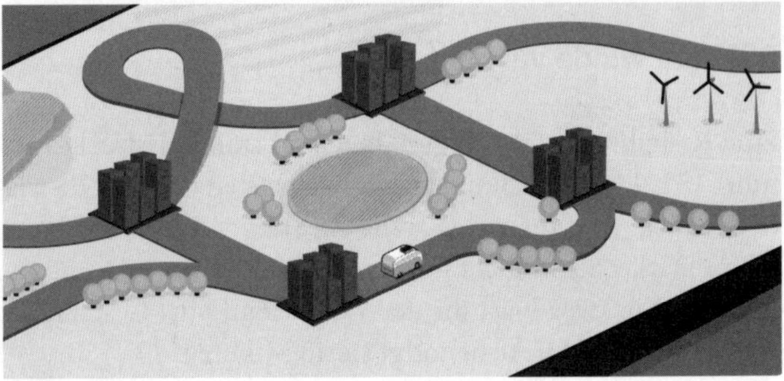

Beweisen Sie, dass man von den sechs Städten stets vier so auswählen kann, dass eine Rundreise auf Schnellstraßen durch diese vier Städte möglich ist.

Hinweis: Wir nennen diese sechs Städte A, B, C, D, E, F. Wenn zum Beispiel mit A, B, C, D eine Rundreise klappt, würde man in A starten, weiter nach B fahren, von dort weiter nach C, dann nach D und schließlich wieder zurück nach A. Alle vier Verbindungen wären Direktverbindungen.

87) Das große Oldtimerbus-Treffen

Wie jedes Jahr verabreden sich die Freunde von Oldtimerbussen zu einer gemeinsamen Ausfahrt. Vom Parkplatz am Rande der Stadt geht es zu einem nicht weit entfernten Schloss, wo ein großes Picknick stattfindet.

Beim Start befinden sich in jedem der Busse gleich viele Personen. Auf den ersten Kilometern haben zehn Busse eine Panne und müssen am Straßenrand stehen bleiben. Die Personen aus diesen Bussen verteilen sich über die noch funktionierenden Oldtimer. Jeder dieser Wagen muss genau einen zusätzlichen Mitfahrer aufnehmen – und alle kommen unter. Nach dem Picknick springen 15 weitere Busse nicht mehr an und müssen ebenfalls zurückgelassen werden. Die Personen aus diesen Bussen verteilen sich wieder auf die verbliebenen Fahrzeuge. Und siehe da: Auf der Rückfahrt sitzen in jedem der Oldtimer genau drei Menschen mehr als zu Beginn der Hinfahrt.

Die Frage lautet: Wie viele Personen haben an der Ausfahrt teilgenommen?

88) Casanova zweifelt am Zufall

Liebe und Mathematik scheinen auf den ersten Blick nicht allzu viel miteinander zu tun zu haben. Doch Casanova, der Held des folgenden Rätsels, hat das Gefühl, dass es da durchaus Verbindungen geben könnte.
Er hat zwei Geliebte und kann sich nicht entscheiden, welche er lieber besucht. Also lässt er den Zufall entscheiden.

Casanova geht immer zur selben U-Bahn-Station. Dort verkehrt nur eine Linie, es ist nicht die Endhaltestelle. Weil die Frauen an entgegengesetzten Endpunkten der U-Bahn-Linie wohnen, nimmt er einfach immer die Bahn, die zuerst kommt.
In beide Richtungen fahren die Bahnen im Zehn-Minuten-Takt. Nach zwei Monaten stellt er jedoch fest, dass er bei der einen Geliebten 24-mal war, bei der anderen jedoch nur 6-mal.

Wie ist das möglich?

89) Wettrennen auf der Rolltreppe

Ein Mann ist auf der Flucht, er will aber möglichst wenig auffallen und schaut sich nur selten um. Der Mann betritt eine nach oben fahrende Rolltreppe und läuft sie hoch, um zügiger voranzukommen. Er weiß nicht, dass ihm jemand dicht auf den Fersen ist.

Als der Mann genau die Hälfte der Rolltreppe hinter sich hat, betritt unten eine Frau die Rolltreppe und rennt sie hoch. Sie erreicht den nichts ahnenden Mann genau am Ende der Rolltreppe. Dabei ist sie 24 Stufen gestiegen, der Mann aber nur zwölf.

Wie viele sichtbare Stufen hat die Rolltreppe, wenn sie steht?

Hinweis: Wir gehen davon aus, dass sich Rolltreppe und die beiden Personen mit konstanter Geschwindigkeit bewegen.

90) Rund um die Welt

Eine Flugzeugflotte ist auf einer Insel stationiert. Alle Flugzeuge sind vom gleichen Typ und fliegen gleich schnell. Mit einer Tankfüllung schafft eine Maschine genau eine halbe Erdumrundung.
Zum Glück kann ein Flugzeug ein anderes Flugzeug jederzeit in der Luft betanken. Treibstoff ist in ausreichender Menge vorhanden – allerdings ausschließlich auf der Insel.

Wie viele Flugzeuge müssen mindestens eingesetzt werden, damit ein Flugzeug eine Erdumrundung schafft? Alle Maschinen sollen sicher zur Heimatinsel zurückkehren.

Hinweis: Wir gehen der Einfachheit halber davon aus, dass das Betanken am Boden und in der Luft augenblicklich geschieht und dass auch für Starts, Landungen und Wendemanöver keine Zeit verloren geht.

91) Die mysteriösen Fähren

Fähren bringen Menschen übers Wasser. Die beiden Boote aus dem folgenden Rätsel könnten Sie womöglich an den Rand der Verzweiflung bringen.

Die beiden Fähren fahren von den gegenüberliegenden Seiten eines Flusses gleichzeitig ab. Die links startende Fähre ist langsamer als die auf der rechten Seite losfahrende. Deshalb begegnen sich die Schiffe 400 Meter vom linken Flussufer entfernt.

Beide erreichen dann die jeweils gegenüberliegende Seite und legen dort für fünf Minuten zum Aus- und Einsteigen an. Auf dem Rückweg begegnen sich die Fähren ein zweites Mal in 200 Metern Entfernung vom rechten Ufer.

Frage: Wie breit ist der Fluss?

Münzen, Gläser, Diebe:
Die ganz dicken Bretter

Das Beste kommt zum Schluss: neun richtig schwere Rätsel, die Ihren Kopf ordentlich zum Rauchen bringen werden. Seien Sie hartnäckig, geben Sie nicht zu früh auf. Womöglich finden Sie die eine oder andere Lösung auch erst nach ein, zwei Tagen Grübeln. Viel Glück!

92) Duell um 50 Münzen

Das meiste Geld absahnen, wer will das nicht? Auf dem Tisch liegen 50 Münzen in einer Reihe. Die Geldstücke können unterschiedliche Werte haben, und man darf sie untereinander nicht verschieben.
Bei dem Spiel dürfen abwechselnd Sie und Ihr Gegenüber eine Münze vom linken oder rechten Ende der Reihe nehmen. Jeder kann bei jedem Zug neu entscheiden, von welcher Seite er sich bedient. Sie haben den ersten Zug.

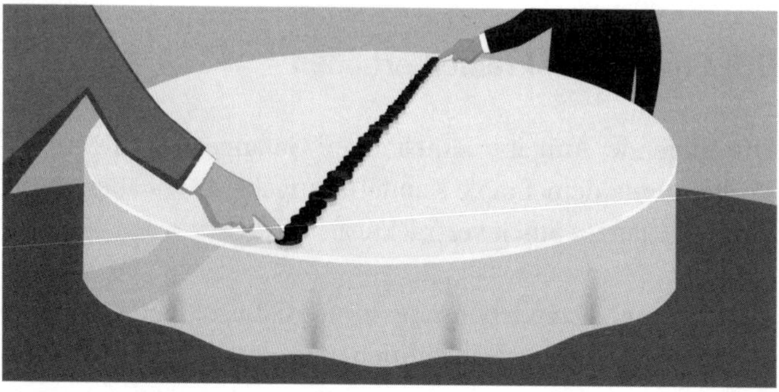

Ziel des Spiels ist – wie sollte es anders sein –, am Ende möglichst mehr Geld zu haben als der Gegner. Das ist aber gar nicht so einfach, denn die Münzen haben, wie schon erwähnt, unterschiedliche Werte. Und gewinnen wollen Sie natürlich immer – ganz gleich, welchen Wert die einzelnen Münzen haben und wie sie in der Reihe angeordnet sind.
Zeigen Sie, dass es für Sie stets möglich ist, am Ende mindestens genauso viel Geld zu haben wie Ihr Gegenüber!

Hinweise zur Lösung: Wenn Sie nach einer Strategie suchen, mit der Sie den maximal möglichen Gewinn einstreichen, machen Sie es sich zu schwer. Sie können ja auch mit einem kleinen Vorsprung gewinnen. Notfalls bekommen Sie auch nur genauso viel wie Ihr Gegenüber. Suchen Sie lieber nicht nach der besten, sondern nach einer möglichst einfachen, aber trotzdem erfolgreichen Strategie. Und diese sollte bei allen denkbaren Münzverteilungen funktionieren – also möglichst allgemeiner Natur sein.

93) Chance auf Freiheit erhöhen

Die folgende Aufgabe ähnelt dem Gefangene-und-Mützen-Problem aus dem Logik-Kapitel (Aufgabe 43) – aber sie ist noch ein ganzes Stück vertrackter:

Drei Männer sitzen lebenslang hinter Gittern. Doch der neue Gefängnisdirektor gewährt ihnen unerwartet eine Chance auf Begnadigung. Und zwar dann, wenn mindestens einer von ihnen seine Mützenfarbe fehlerfrei nennt. Erlaubt ist auch, zu passen, also keine Farbe zu nennen.
Der Direktor zeigt den dreien zwei Stapel mit Mützen – die einen sind weiß, die anderen sind schwarz. »Ich werde jedem von euch eine Mütze von hinten aufsetzen, die Farbauswahl ist zufällig.« Die Häftlinge können ihre eigene Mütze nicht sehen, wohl aber die ihrer Mitgefangenen. Miteinander sprechen ist ihnen ebenso verboten wie jede sonstige Verständigung.
»Wenn zwei von euch passen und der dritte eine Farbe zufällig auswählt, stehen eure Chancen auf Befreiung bei 50 Prozent«, erklärt der Direktor. »Aber vielleicht findet ihr Schlaumeier ja eine Strategie, die eure Chancen erhöht? Ihr dürft euch jetzt miteinander beraten. In einer Stunde komme ich und setze euch die Mützen auf.«

Können die drei ihre Chance auf Freilassung erhöhen? Falls ja, wie?

94) Gläser im Härtetest

Eine Fabrik stellt besonders bruchfeste Gläser her. Diese überstehen den Aufprall auf Beton, selbst wenn sie aus mehreren Stockwerken Höhe herunterfallen. Die Glasstabilität schwankt jedoch von Tag zu Tag – je nachdem wie gut die Kollegen aus der Schmelze beim Hinzufügen der Zusätze und beim Regeln der Temperatur gearbeitet haben. Aber: Die Tagesqualität aller produzierten Gläser ist immer gleich.

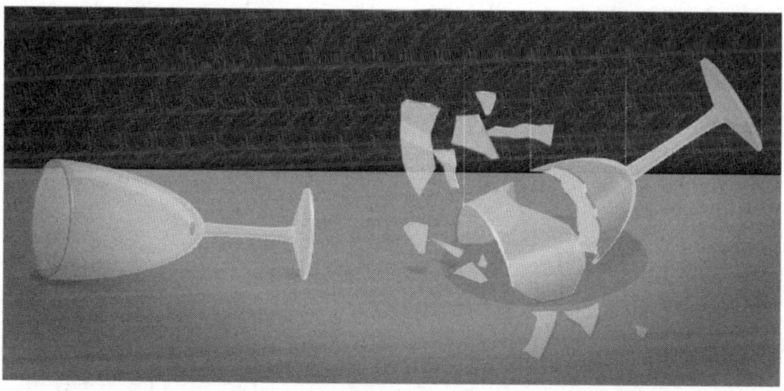

Jeden Abend nimmt der Qualitätsprüfer ein Glas aus der Tagesproduktion und lässt es im Testturm aus einem immer höheren Stockwerk fallen, bis es zerbricht. Der Turm hat zehn Etagen. Im ungünstigsten Fall muss der Mann das Glas deshalb zehnmal fallen lassen, um herauszufinden, bis zu welcher Etage es einen Sturz unbeschadet übersteht.
Das ständige Hoch und Runter im Testturm bringt den Prüfer jedoch immer wieder an seine Grenzen. Eines Abends kommt ihm daher die Idee, statt eines Glases lieber zwei für

die Falltests zu verwenden. Wenn eins kaputtgeht, kann er ja immer noch mit dem zweiten weiter testen.

Wie viele Versuche mit zwei Gläsern muss er höchstens durchführen, bis er das Stockwerk kennt, aus dem die Tages-Charge Stürze unbeschadet übersteht?
Wer es etwas schwieriger mag: Lösen Sie die Aufgabe für einen 101 Stockwerke hohen Testturm!

Hinweis: Der Turm hat ein Erdgeschoss und darüber zehn Stockwerke. Wir gehen außerdem davon aus, dass ein Glas, sofern es beim Aufprall nicht zerspringt, keinerlei Schaden nimmt, etwa Minirisse, wegen denen es beim nächsten Aufprall schneller kaputtgehen könnte.

95) 500 Schließfächer

Im riesigen Keller eines Gymnasiums stehen genau 500 Schließfächer. Am ersten Schultag machen die Besitzer der Fächer eine verrückte Aktion. Zu Beginn sind alle Fächer geschlossen. Schüler Nummer 1 geht an allen 500 Fächern vorbei und öffnet sie. Schüler Nummer 2 schließt jedes zweite Fach, also alle geradzahligen. Der dritte Schüler ändert den Zustand jedes dritten Fachs (er schließt oder öffnet es), der vierte den jedes vierten und so weiter. Bis zum Schüler 500, der den Zustand des 500. Fachs ändert.

Welche Schließfächer stehen am Ende offen?

96) Das Benzin wird knapp!

Auf einer kreisförmigen Insel ist das Benzin knapp. Sie wollen das Eiland mit dem Auto auf der Küstenstraße umrunden. An der Straße gibt es immer mal wieder eine Tankstelle. An jeder Tankstelle ist aber nur eine kleine Menge Benzin verfügbar. Wenn Sie die Benzinmengen aller Tankstellen zusammenrechnen, dann reicht der Kraftstoff genau dafür aus, die Insel einmal zu umrunden.

Zeigen Sie, dass Sie die Inselumrundung schaffen, wenn Sie mit leerem Tank an der richtigen Tankstelle starten.

Hinweise: An der ersten Tankstelle tanken Sie vor dem Losfahren. Wir gehen außerdem davon aus, dass der Kraftstoffverbrauch Ihres Autos konstant ist.

97) Ein Tisch, zwei Diebe und ein Berg Münzen

Mit Geld spielt man nicht – aber beim folgenden Rätsel machen wir eine Ausnahme, denn Münzen sind darin ein zentrales Element. Zwei Diebe haben ein Dutzend Parkscheinautomaten geknackt und einen riesigen Berg Zwei-Euro-Münzen erbeutet. Jeder bekommt genau die Hälfte davon.

Die beiden sind noch ganz berauscht von ihrem Raubzug und würden am liebsten gleich noch mal losziehen und weitere Automaten knacken. Doch sie wissen, dass die Polizei in dieser Nacht verstärkt Streife fährt, und bleiben lieber zu Hause. Dann kommt ihnen eine Idee: Sie könnten ja zumindest um einen Teil des Geldes spielen – das würde immerhin für etwas Nervenkitzel sorgen und beim Gewinner sogar für einige Glücksmomente. Sie denken sich folgendes Spiel aus:

Beide sitzen an einem runden Tisch und legen abwechselnd je eine Münze darauf ab. Die Zwei-Euro-Stücke können beliebig platziert werden, müssen jedoch liegen und dürfen einander nicht berühren. Es ist auch nicht erlaubt, Münzen übereinanderzustapeln oder bereits liegende Münzen zu verschieben.

Je mehr Münzen die beiden platzieren, desto voller wird der Tisch. Der Spieler, der zuerst keine Münze mehr ablegen kann, hat verloren. Alle auf dem Tisch liegenden Zwei-Euro-Stücke gehen dann an den Gewinner.

Nun die Frage: Wer kann das Spiel mit Sicherheit gewinnen? Derjenige, der die erste Münze legt? Oder der zweite Spieler? Welche Strategie muss der Gewinner anwenden?

98) Nullen und Einsen

Die folgende Aufgabe hat mich fast in den Wahnsinn getrieben. Ich hatte keine Ahnung, wie ich sie lösen sollte. Als ich mir dann nach stundenlangem Grübeln die Lösung angeschaut habe, war ich verblüfft. Sie umfasst nur wenige Zeilen! Aber probieren Sie es selbst aus.

Gegeben ist eine natürliche Zahl n. Beweisen Sie, dass es ein Vielfaches von n gibt, dessen Ziffern nur aus Einsen und Nullen bestehen.

99) 50 Uhren und ein Tisch

Jetzt wird's verrückt: Auf einem Tisch liegen 50 Uhren. Wir wissen, dass sich alle großen Zeiger mit derselben Winkelgeschwindigkeit bewegen. Es kann aber sein, dass Uhren vor- oder nachgehen. Die Uhren sind unterschiedlich groß und zufällig über den Tisch verteilt. Auch die Ziffernblätter sollen vollkommen zufällig ausgerichtet sein.

Beweisen Sie, dass es innerhalb einer Stunde einen Moment gibt, in dem die Summe der Abstände vom Tischmittelpunkt zu den Spitzen der 50 Minutenzeiger größer ist als die Summe der Entfernungen vom Tischmittelpunkt zu den Mittelpunkten der Uhren.

100) Handshakes

Kai und Mirijana kommen auf eine Party, auf der sie vier andere Paare treffen. Zur Begrüßung hat sich der Gastgeber etwas Besonderes ausgedacht: Jeder schüttelt jeder anderen anwesenden Person die Hand, die er nicht kennt.
Später macht Kai eine Umfrage und stellt dabei fest, dass jeder der neun anderen Anwesenden einer unterschiedlichen Anzahl von Personen die Hand geschüttelt hat.

Wie vielen Personen hat seine Frau Mirijana die Hand geschüttelt?

Lösungen

1) Welche Figur setzt die Reihe fort?

Wer die Abbildungen genau analysiert, merkt schnell, dass die Figur aus zwei Komponenten besteht: Da ist zum einen das Ypsilon (Y). Dieser Teil der Figur wird von Bild zu Bild immer im Uhrzeigersinn um 90 Grad gedreht.
Und da sind zum anderen die beiden »Arme«, die an den beiden Enden des Ypsilons hängen. Diese werden nicht nur bei jedem Schritt mit dem Ypsilon um 90 Grad gedreht, sondern zusätzlich um weitere 45 Grad. So kommt es, dass einer der Arme sogar einmal deckungsgleich (Bild 2) mit einem der beiden Y-Enden und daher nicht zu sehen ist.

2) Schokolade wiegen

Sie nehmen von der ersten Palette eine Tafel, von der zweiten zwei, von der dritten drei und so weiter bis zur zehnten Palette, von der Sie zehn Tafeln nehmen. Diese $1+2+3+\ldots+10=55$ Tafeln legen

Sie dann gemeinsam auf die Waage. Von der angezeigten Grammzahl ziehen Sie $55 \times 100 = 5.500$ Gramm ab.
Das Ergebnis verrät, welche Palette jene mit den zu schweren Tafeln ist. Bleiben nur 5 Gramm übrig, ist es Palette Nummer eins, sind es 10 Gramm, ist es die zweite, und so weiter bis zum Wert von 50 Gramm, der sich ergibt, wenn Palette zehn die gesuchte ist.

3) Perfekt ausgerichtete Uhrzeiger

Ja, beide Zeiger stehen tatsächlich wenige Minuten nach 20.15 Uhr in identisch großen Winkeln zur 6 auf dem Ziffernblatt. Es ist in diesem Moment genau 20.18 Uhr und 27,7 Sekunden.

Punkt 20.15 Uhr ist der Winkel zwischen der 6 und dem großen Zeiger noch größer als jener zwischen der 6 und dem kleinen Zeiger. Doch der große Zeiger verkleinert seinen Winkel, weil er sich Richtung 6 bewegt, während der kleine sich von ihr entfernt und seinen Winkel vergrößert. Um 20.20 Uhr haben sich die Verhältnisse längst umgedreht: Der große Zeiger ist dann näher an der 6 dran als der kleine Zeiger.
Deshalb muss es in diesem Zeitraum einen Moment geben, in dem beide Winkel gleich groß sind. Denn die Zeiger bewegen sich stetig, mit konstanter Geschwindigkeit, und vollführen keine Sprünge.

Wann aber ist dieser Moment genau? Schauen wir auf die Winkelgeschwindigkeiten:

$$\text{Großer Zeiger} = \frac{360°}{60\text{ min}} = 6°/\text{min}$$

$$\text{Kleiner Zeiger} = \frac{360°}{720\text{ min}} = 0{,}5°/\text{min}$$

Wenn t die Anzahl der nach 20 Uhr vergangenen Minuten bezeichnet, können wir den Winkel zwischen großem Zeiger und der 6 folgendermaßen berechnen (wegen der besseren Übersichtlichkeit lassen wir die Einheiten Grad und Minuten weg):

$$\text{Winkel (groß)} = 180 - t \times 6$$

Für den Winkel zwischen der 6 und dem kleinen Zeiger gilt:

$$\text{Winkel (klein)} = 60 + t \times \frac{1}{2}$$

Wenn beide Winkel gleich groß sind, muss gelten:

$$180 - t \times 6 = 60 + t \times \frac{1}{2}$$

Wir bringen t auf eine Seite der Gleichung und erhalten:

$$120 = \frac{13}{2} \times t$$

$$t = \frac{240}{13}$$

Die Lösung lautet 240/13 Minuten, das sind 18 Minuten und 27,7 Sekunden. Die genaue Uhrzeit ist deshalb 20.18 Uhr 27,7 Sekunden.

Lösungen

4) Ein Gangster überlebt – aber warum?

Weil die Abstände der fünf Männer zueinander unterschiedlich groß sind, gibt es zwei Gangster, deren Abstand der kürzeste ist. Diese beiden Herren zielen deshalb aufeinander und erschießen sich gegenseitig.
Was passiert mit den übrigen drei Gangstern? Wir müssen zwei Fälle unterscheiden:

1) Einer der drei Gangster zielt auf einen der beiden, die sich gegenseitig erschießen, weil dieser sein nächster Nachbar ist. Dann wird dieser Mann von zwei Kugeln getroffen. Und weil nur fünf Schuss benutzt werden, überlebt mindestens ein Gangster.

2) Die drei verbliebenen Männer haben als nächste Nachbarn nur sich selbst, die zwei Gangster mit dem kürzesten Abstand zueinander stehen ein Stück weiter weg von ihnen. Dann gibt es unter den verbliebenen drei Gaunern wieder zwei, deren Abstand der kürzeste ist. Diese beiden zielen aufeinander und töten sich gegenseitig. Auf den dritten Gangster zielt niemand – er überlebt.

5) Wasser im Wein

Es befindet sich genauso viel Wein im Wasserglas wie Wasser im Weinglas!
Der Beweis dafür ist denkbar einfach. Wir wissen, dass sich nach den beiden Mixprozeduren eine bestimmte Menge Wein im Wasserglas befindet. Dieses Volumen Wein fehlt dann zwingend im Weinglas. Weil beide Gläser nach dem Hin- und Herkippen aber weiterhin

identisch befüllt sind, muss das im Weinglas fehlende Weinvolumen durch ein exakt gleich großes Wasservolumen ersetzt worden sein. Daher sind die Anteile von Wein und Wasser in den beiden Gläsern gleich groß.

6) Bloß nichts anbrennen lassen

Zuerst die Lösung für die 45 Sekunden: Sie zünden eine Schnur gleichzeitig an beiden Enden an und im selben Moment die andere Schnur an nur einem Ende. Nach 30 Sekunden ist Schnur Nummer eins vollständig abgebrannt, Schnur Nummer zwei zur Hälfte. In diesem Augenblick zünden Sie bei der zweiten Schnur das noch freie Ende an. 15 Sekunden später ist auch diese Schnur abgebrannt – macht zusammen 45 Sekunden.

Wie aber misst man zehn Sekunden mit nur einer 60-Sekunden-Schnur? Ganz einfach: Es müssen permanent sechs Flammen brennen – dann ist die Schnur sechsmal schneller abgebrannt als bei nur einer Flamme.
Sie zünden die Schnur also zugleich an den beiden Enden und an zwei beliebigen Punkten dazwischen an. Aus den beiden mittleren Zündpunkten entstehen vier Flammen, weil diese jeweils in beide Richtungen wandern. Sobald ein Segment abgebrannt ist, müssen Sie aber sofort in einem anderen Segment einen beliebigen inneren Punkt anzünden, damit weiterhin sechs Flammen brennen. Am Ende beträgt die gesamte Brenndauer der Lunte zehn Sekunden.

Diese Lösung ist praktisch natürlich nur schwer umsetzbar, denn Sie müssten in immer kürzeren Abständen in immer kleineren Segmenten Punkte anzünden. Aber zumindest in der Theorie funktioniert sie.

7) Klappt der Lauf durch die Wüste?

Die Durchquerung ist tatsächlich möglich – und zwar wie folgt:

Lauf 1: Der Sportler rennt mit vier Tagesrationen los. Er legt eine Tagesstrecke zurück, deponiert zwei Tagesrationen in der Wüste und kehrt um. Eine Tagesration hat er für den Hinweg verbraucht, die andere braucht er für den Weg zurück.

Lauf 2: Der Läufer rennt noch mal mit vier Tagesrationen los. Nach einem Tag hat er noch drei Portionen und nimmt von den zuvor deponierten zwei Rationen eine in sein Gepäck. Mit den nun wieder vier Rationen läuft er einen weiteren Tag, hat dann noch drei Portionen und deponiert zwei davon in der Wüste. Dann kehrt er um. Nach einem Tag Lauf ist die letzte Ration aus dem Gepäck aufgebraucht. Doch nun erreicht er auch das zuerst angelegte Depot, in dem noch Essen und Trinken für einen Tag liegen. Damit schafft er es zurück zum Ausgangspunkt.

Lauf 3: Wieder startet der Mann mit vier Rationen. Nach zwei Tagen erreicht er das Depot, in dem zwei Tagesportionen lagern. Zwei der vier Rationen in seinem Gepäck sind zu diesem Zeitpunkt bereits verbraucht. Deshalb kann der Sportler die zwei Rationen aus dem Depot einstecken und schafft die noch verbleibenden vier Tagesstrecken.

8) Gelingt Ihnen die Ketten-Aktion?

Es sind 125 Euro.

Auf den ersten Blick scheint die Sache klar zu sein: Der Kauf einer neuen Kette für 140 Euro ist billiger, als an den sechs Kettenstücken jeweils ein Glied zu öffnen, mit dem Nachbarstück zu verbinden und wieder zu schließen. Denn dafür wären 6 × 25 = 150 Euro fällig.

Doch es geht tatsächlich günstiger. Wenn man alle fünf Glieder eines der sechs Kettenstücke aufschneidet, gibt es plötzlich nur noch fünf Kettenstücke, die miteinander verbunden werden müssen. Und dazu reichen die fünf aufgeschnittenen Kettenglieder aus. Eine so zusammengesetzte Kette kostet daher nur 5 × 25 = 125 Euro. Eine raffinierte Lösung, auf die ich selbst nicht gekommen bin. Und wie war es bei Ihnen?

9) Koch langsam 3

Füllen Sie das 0,3-Liter-Glas und kippen Sie den Inhalt in das 0,5-Liter-Glas. Dann füllen Sie das 0,3-Liter-Glas nochmals und schütten daraus so viel Wasser in das 0,5-Liter-Glas, bis dieses voll ist. Dann verbleiben genau 0,1 Liter in dem kleineren Glas – und einer perfekten Soße steht nichts mehr im Weg!

John McClane geht im Film »Stirb langsam 2« ganz ähnlich vor. Er füllt den Fünfer-Kanister und kippt drei Gallonen davon in den Dreier. Der Dreier-Kanister wird geleert und anschließend kommen die im Fünfer verbliebenen zwei Gallonen in den kleinen Kanister.

Nun wird der große Kanister nochmals voll gemacht – und danach damit der kleine aufgefüllt. In diesem befinden sich schon zwei Gallonen, sein Fassungsvermögen liegt bei drei Gallonen. Also bleiben im Großen exakt vier Gallonen übrig.

10) Schüchtern trifft extrovertiert

Auch wenn er fast immer überhört wird, der Schüchterne liegt mit seiner Aussage richtig. Es gibt keine Verteilung, welche die Anforderung erfüllt.

Zuerst zeigen wir, dass nicht mehr als zwei Extrovertierte direkt nebeneinandersitzen dürfen. Das ist einfach! Sitzen nämlich beispielsweise drei nebeneinander, hätte der Extrovertierte in der Mitte zwei Extrovertierte als Nachbarn, was nicht erlaubt ist.
Extrovertierte sitzen also entweder allein oder zu zweit nebeneinander – links und rechts flankiert von je mindestens einem Schüchternen. Bei insgesamt 25 Extrovertierten gibt es daher mindestens 13 Lücken (zwölf Extrovertierte sitzen in Zweiergruppen, einer allein) und höchstens 25 Lücken (alle Extrovertierten sitzen allein). Diese Zwischenräume müssen alle mit einem oder mehreren Schüchternen besetzt werden.
Zum Besetzen der 13 bis 25 Lücken stehen insgesamt 25 Mitglieder des Klubs der Schüchternen zur Verfügung. Damit ist klar, dass mindestens ein Schüchterner eine Lücke allein füllen muss. Denn wenn man 13 Lücken mit jeweils zwei Schüchternen wollte, bräuchte man 26 Personen, es gibt aber nur 25. Mindestens ein Schüchterner müsste deshalb allein sitzen und wäre dann von zwei Extrovertierten umgeben, was nicht erlaubt ist. Daher kann es die von beiden Klubs gewünschte Sitzordnung nicht geben.

Übrigens: Wäre die Zahl der Klubmitglieder gerade, also zum Beispiel bei beiden Gruppen 26, gäbe es eine einfache Lösung. Es müssten dann immer abwechselnd zwei Schüchterne und zwei Extrovertierte am Tisch Platz nehmen.

11) Wo sind die Äpfel, wo die Orangen?

Ja, eine Frucht aus einer Kiste reicht. Allerdings darf es nicht eine beliebige Kiste sein: Sie müssen in jene greifen, auf der »Äpfel und Orangen« steht. Darin können sich entweder nur Äpfel oder nur Orangen befinden. Wären Äpfel und Orangen drin, würde die Beschriftung ja stimmen, was aber laut Aufgabenstellung nicht der Fall ist.

Fall 1: Sie finden eine Orange.

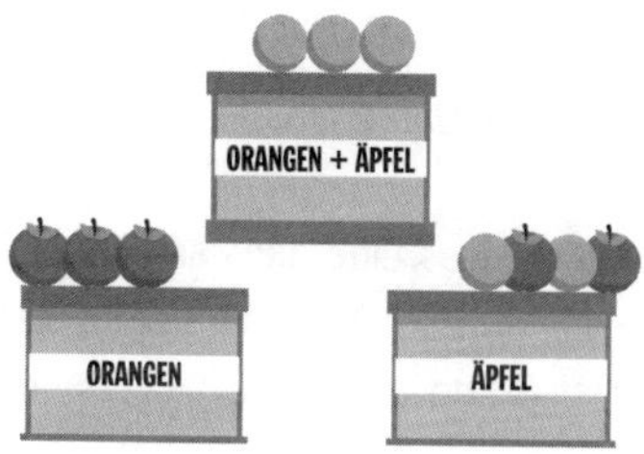

Weil sämtliche Beschriftungen nicht stimmen, müssen die Äpfel in der Orangenkiste liegen. Für den Apfel-Orangen-Mix bleibt nur die Apfelkiste.

Fall 2: Sie finden einen Apfel.

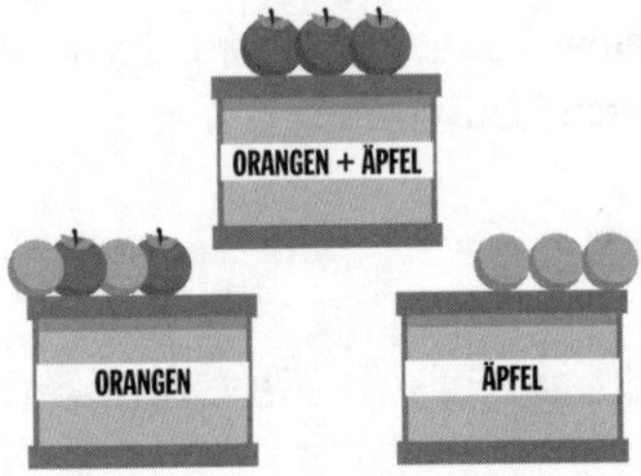

Weil sämtliche Beschriftungen nicht stimmen, müssen die Orangen in der Apfelkiste liegen. Für den Apfel-Orangen-Mix bleibt nur die Orangenkiste.

12) Treffen sich zwei Mathematiker

Die Söhne sind 1, 2 und 6 Jahre alt.

Das Produkt der Jahre muss eine der Zahlen von 1 bis 12 ergeben, denn es gibt ja nur 12 Monate. Außerdem steht fest, dass die Söhne unterschiedlich alt sind und daher auch die Jahreszahlen verschieden sein müssen.

Wir suchen also alle Zerlegungen der Zahlen von 1 bis 12 in drei verschiedene Faktoren, wobei als Faktor natürlich auch die 1 erlaubt ist. Die Monate 2, 3, 5, 7, 11 fallen auf jeden Fall heraus, weil es Primzahlen sind und sie nur als Produkt zweier Zahlen, etwa 1×2 und 1×3, aufgeschrieben werden können. $1 \times 1 \times 2$ und $1 \times 1 \times 3$ wären zwar prinzipiell möglich, fallen jedoch heraus, weil dann zwei Brüder gleich alt wären.

Bei den Monatszahlen 1, 4 und 9 gibt es nur die Zerlegung $1 \times 1 \times 1$, $1 \times 2 \times 2$ beziehungsweise $1 \times 3 \times 3$ – in allen Fällen wären mindestens zwei Brüder gleich alt, was laut Aufgabe nicht der Fall ist.

Die einzig möglichen Monatszahlen sind also:

$1 \times 2 \times 3 = 6$
$1 \times 2 \times 4 = 8$
$1 \times 2 \times 5 = 10$
$1 \times 2 \times 6 = 12$
$1 \times 3 \times 4 = 12$

Nun gilt noch die Einschränkung, dass nach einem Jahr die Summe der Jahre wieder die aktuelle Monatszahl ergeben soll. Das Produkt der Jahre, das die aktuelle Monatszahl angibt, muss also genauso groß sein wie die Summe der Jahre nach einem Jahr. Dies trifft nur für 1, 2, 6 zu, denn das Produkt ist 12 und die Summe ein Jahr später auch $(2 + 3 + 7 = 12)$. Deshalb sind die Söhne 1, 2 und 6 Jahre alt.

13) Vier Wanderer und eine wacklige Brücke

Es liegt nahe, dass der schnellste Wanderer die übrigen drei einen nach dem anderen auf die andere Seite bringen sollte. Doch dann schaffen sie es nicht rechtzeitig zum Bus. Das Hinüberbringen dauert nicht nur $25 + 20 + 10 = 55$ Minuten, sondern 65 Minuten, weil der schnellste Wanderer ja zweimal allein wieder zurücklaufen muss, um die verbliebenen beiden Wanderer abzuholen. Wie kann das Kunststück trotzdem gelingen?

Ganz einfach: Die beiden langsamsten Männer müssen die Brücke gemeinsam überqueren. Das spart Zeit.
Eine mögliche Lösung ist die folgende: Zunächst gehen die beiden schnellsten Wanderer mit Lampe auf die andere Seite. Das dauert 10 Minuten. Der 5-Minuten-Mann geht anschließend allein mit der Taschenlampe zurück (Zeit dafür 5 Minuten) und übergibt sie den beiden langsamsten Kollegen.
Die brauchen 25 Minuten bis auf die andere Seite und überlassen die Lampe dem dort wartenden 10-Minuten-Mann. Der geht mit Lampe zurück, den verbliebenen schnellsten Wanderer zu holen – gemeinsam machen sie sich dann auf den Weg zur Bushaltestelle. Dies dauert $10 + 10 = 20$ Minuten.
Wie lange brauchen die vier Männer nun bis zum Bus? Es sind $10 + 5 + 25 + 2 \times 10 = 60$ Minuten.
Die Wanderer schaffen es also tatsächlich – sofern sie nicht zu lange überlegen müssen, um auf die Lösung zu kommen.

14) Steine versenken im See

Für die Lösung des Rätsels müssen Sie zwei Effekte berücksichtigen. Zum einen taucht das Boot weniger tief ins Wasser ein, wenn Sie die Steine aus dem Boot ins Wasser werfen. Dadurch sinkt der Pegel. Zum anderen sorgen die Steine, sobald sie unter Wasser geraten, dafür, dass der Pegel steigt. Welcher der beiden Effekte ist nun größer?

Wenn Sie die Steine ins Boot legen, sinkt dieses tiefer ins Wasser. Die Masse des verdrängten Wassers entspricht dabei genau der Masse der Steine. Sind die Steine beispielsweise zehn Kilogramm schwer, müssen zehn Liter Wasser zusätzlich vom Boot verdrängt

werden, damit das Boot weiterhin schwimmt. Denn ein Liter Wasser wiegt ein Kilogramm.
Betrachten wir das Ganze nun andersherum: Wenn Sie die zehn Kilogramm Steine aus dem Boot herausnehmen, verdrängt das Boot zehn Liter weniger Wasser. Der Wasserstand sinkt um zehn Liter (was bei einem großen See sicher kaum auffällt).
Wenn Sie zehn Kilogramm Steine in den See werfen, erhöht sich das Volumen des Sees um das Volumen dieser Steine. Weil Steine aber eine deutlich höhere Dichte haben als Wasser (Faktor zwei bis drei), verdrängen sie nicht zehn Liter Wasser, sondern zum Beispiel fünf Liter oder drei Liter – je nach Gesteinsdichte.
Nun brauchen wir nur noch beide Effekte zu addieren: Durch das Herausnehmen der Steine aus dem Boot sinkt der Pegel um das Volumen von beispielsweise zehn Litern. Das Versenken der Steine im See erhöht den Pegel um drei bis fünf Liter. Fazit: Der Pegel sinkt.

15) Nicht schießen, bitte!

Eine mögliche Erklärung: Der Mann hat offenbar Schluckauf. Trinken könnte dagegen helfen, deshalb betritt er die Bar und bestellt ein Wasser. Doch der Barkeeper hat eine bessere Idee: Er erschreckt den Gast mit seinem Revolver, der Schluckauf verschwindet und der Mann bedankt sich für die schnelle Hilfe.

16) Retten Sie das arme Küken!

Die Lösung ist – wie zumindest in diesem Buch fast immer – erstaunlich einfach: Versuchen Sie es mit Sand. Lassen Sie ihn vorsichtig am Rand in das schmale Loch rieseln. Das Küken bekommt so nach und nach immer mehr davon unter die Füße – und irgendwann können Sie es mit der Hand herausholen.
Wahrscheinlich können Sie das Loch auch mit Wasser füllen. Zumindest Küken von Wasservögeln sollten damit problemlos nach oben gelangen.

Die Aufgabe stammt übrigens aus einem der vielen Bücher von Martin Gardner. Der amerikanische Rätselsammler und -erfinder hat über Jahrzehnte im Magazin »Scientific American« über Tricks mit Zahlen, Karten, Uhren und Streichhölzern geschrieben.

17) Ein Toter in der Wüste

Der Mann war Teil einer Crew, die mit einem Heißluftballon die Wüste überqueren wollte. Leider gab es Probleme mit dem Brenner und der Ballon verlor stetig an Höhe. Nachdem die Besatzung alles Verzichtbare aus dem Korb geworfen hatte, zogen sie Streichhölzer. Der Verlierer musste aus dem Korb in den sicheren Tod springen.

18) Seltsamer Autofahrer

Der Mann arbeitet als Radiomoderator und hat gerade seine Frau umgebracht. Um ein Alibi zu haben, hat er seine Radiosendung vorab produziert und sie vom Band gestartet, bevor er zu ihr nach Hause gefahren ist. Auf dem Weg zurück ins Studio bemerkt er, dass im Radio gar nicht seine Aufnahme läuft, offenbar gab es ein technisches Problem. Sein Alibi ist damit futsch.

19) Intervall-Schlaf

Die Frau liegt im Bett eines Hotelzimmers, das nicht gut schallisoliert ist. Sie wird immer wieder vom Schnarchen einer Person geweckt, die das Zimmer über ihr gemietet hat. Weil die Telefonnummern im Hotel den Zimmernummern entsprechen, weiß sie die Nummer und ruft an, um die Person zu wecken, damit das Schnarchen aufhört. Leider hält das aber nicht lange an und sie wird immer wieder wach und muss aufs Neue anrufen.

20) Bizarrer Fund

Es sind die Überbleibsel eines Schneemanns.

21) Hupkonzert am Motel

Es ist spätnachts und alle schlafen schon. Der Mann steht noch mal auf, um etwas aus seinem Auto zu holen. Im Auto merkt er, dass er sich die Nummer seines Motelzimmers nicht gemerkt hat. Seine Frau, die im Zimmer geblieben ist, schläft längst. Obendrein ist sie taub. So hupt er eine Weile und schaut, in welchen Zimmern Leute aufwachen, das Licht anmachen oder ans Fenster gehen. Der Raum, in dem sich nichts tut, ist seiner.

22) Eingebung im Treppenhaus

Ihr Mann war schwerkrank. Er wurde nur noch von Apparaten am Leben gehalten, zum Beispiel von einer Herz-Lungen-Maschine. Als der Strom ausfällt, wird ihr klar, dass ihr Mann stirbt, denn die Maschinen laufen nur mit Strom. (Die Erklärung ist zumindest für moderne Krankenhäuser nicht mehr stimmig, denn dort springen im Fall der Fälle zum Glück Notstromaggregate an.)

23) Fataler Schuhkauf

Die Frau arbeitet als Assistentin eines Messerwerfers im Zirkus. Bei jeder Show stellt sie sich an die Wand und lässt sich mit Messern bewerfen. Doch die neuen High Heels werden ihr zum Verhängnis. Normalerweise trägt sie flache Schuhe, mit den neuen Schuhen ist sie 20 Zentimeter größer. Der Messerwerfer bemerkt den Unterschied leider erst, als es schon zu spät ist.

24) Er läuft und läuft – aber wie weit?

Bello läuft insgesamt zehn Kilometer.

Wenn Sie angefangen haben, die einzelnen Wegabschnitte auszurechnen, haben Sie die Sache viel komplizierter gemacht, als sie ist. Der Trick ist, die zurückgelegte Strecke über die Zeit auszurechnen.

Wie lange dauert es also, bis Herrchen und Frauchen sich treffen? Gemeinsam legen sie pro Stunde 20 Kilometer zurück. Weil der Weg vom Büro nach Hause zehn Kilometer lang ist, treffen sie sich nach genau einer halben Stunde. Und in einer halben Stunde rennt Bello wiederum exakt zehn Kilometer, seine Geschwindigkeit beträgt ja 20 km/h. War doch gar nicht schwer, oder?

25) Welche Zahl fehlt?

Die fehlende Zahl lautet 417.

Wenn man sich die Zahlen genau anschaut, merkt man, dass eine nicht gerade alltägliche Regel hinter der Tabelle stecken muss. Eine normale Addition ist es jedenfalls nicht. Mit geschicktem Ausprobieren findet man schließlich heraus, dass die Zahl in der mittleren Spalte aus ihren beiden Nachbarn rechts und links berechnet wird – und zwar wie folgt:
Man addiert den Zehner der linken Zahl zum Einer der Zahl ganz rechts und schreibt das Ergebnis hin. Direkt daneben notiert man die Summe des Einers der linken Zahl und des Zehners der Zahl ganz rechts.

Bei der gesuchten Zahl rechnen wir demnach: 1 + 3 = 4, und schreiben direkt daneben 9 + 8 = 17, was 417 ergibt.

26) Die Katze mit den magischen Kräften

Die Katze kommt genau um 9.56 Uhr und 15 Sekunden an.

Nach jedem Satz, also nach jedem Meter, verdoppelt das Tier seine Geschwindigkeit. Nach 15 km/h folgen 30, 60, 120 km/h und so weiter. Folgende Werte erreicht sie vom Start bis zum Ende des elften Meters:

15 km/h (Meter 0–1)
30 km/h (Meter 1–2)
60 km/h (Meter 2–3)
120 km/h (Meter 3–4)
240 km/h (Meter 4–5)
480 km/h (Meter 5–6)
960 km/h (Meter 6–7)
1.920 km/h (Meter 7–8)
3.840 km/h (Meter 8–9)
7.680 km/h (Meter 9–10)
15.360 km/h (Meter 10–11)
…

Die Katze scheint immer schneller zu werden. Wer gut mit Excel umgehen kann, stellt schnell fest, dass sie ab Meter 27 mit Überlichtgeschwindigkeit unterwegs wäre, was natürlich aus physikalischen Gründen nicht geht.
Doch mit dem Beschleunigen von Meter zu Meter ist sogar schon

viel früher Schluss. Im Text heißt es ja, die Katze verdoppelt immer dann ihre Geschwindigkeit, wenn sie das Geräusch der Dose hört. Sobald sie aber Überschallgeschwindigkeit erreicht hat, kann sie das Scheppern nicht mehr hören, weil sie schneller rennt, als sich die von der Dose hinter ihr ausgehenden Schallwellen ausbreiten.
In der Luft ist Schall etwas schneller als 1.200 km/h. Diesen Wert überschreitet die Katze ab Meter 7: Dann ist sie 1.920 km/h schnell und behält diese Geschwindigkeit bis Oslo bei.
Würde das Tier die 1.800 Kilometer komplett mit 1.920 km/h zurücklegen, würde sie 3.375 Sekunden brauchen, was 56,25 Minuten entspricht. Wegen des Beschleunigens auf den ersten sieben Metern verlängert sich die Zeit minimal um eine knappe halbe Sekunde, aber die können wir getrost vernachlässigen.
Die Katze kommt daher um 9.56 Uhr und 15 Sekunden in Oslo an.

27) Haarige Berliner

Auf dem ersten Blick erscheint die Aufgabe unlösbar. Soll ich etwa anfangen, die Haare auf den Köpfen von Berlinern zu zählen? Nein, das müssen Sie nicht. Sie müssen nur zwei Zahlen kennen:
Wie viele Menschen leben etwa in Berlin? 3,5 Millionen.
Wie viele Haare hat ein Mensch auf dem Kopf? Eine Internetrecherche ergibt Werte von 100.000 bis 150.000 und als Obergrenze 200.000.

Würden in Berlin weniger als 200.000 Menschen leben, könnte theoretisch jeder eine andere Anzahl von Haaren haben – von 1 bis 200.000. Weil es aber mehr als 3 Millionen Einwohner sind, muss es mindestens zwei Berliner geben mit identischer Haaranzahl (es gibt sogar noch viel mehr).

Mathematiker nennen diese Methode Schubfachprinzip. Objekte sind über Schubfächer verteilt. Wenn es mehr Objekte als Schubfächer gibt, muss es mindestens ein Schubfach geben, in dem zwei Objekte liegen.

28) Welcher Schalter ist für welche Lampe?

Mit zwei Schaltern und zwei Lampen wäre die Aufgabe leicht: Ein Schalter wird eingeschaltet und Sie gehen hoch. Die Lampe, die brennt, gehört zum betätigten Schalter, die nicht leuchtende zum anderen Schalter.
Bei drei Schaltern klappt das nicht mehr – Sie müssten dann nämlich zweimal hochsteigen. Doch mit einem Trick finden Sie die Zuordnung trotzdem. Lampen erwärmen sich, wenn man sie anschaltet. Deshalb stellen Sie einen Schalter für ein, zwei Minuten auf »An«. Nach zwei Minuten stellen Sie den Schalter wieder auf »Aus«, einen der beiden anderen auf »An« und laufen schnell hoch in den ersten Stock. Die noch warme, nicht leuchtende Lampe gehört zum zuerst betätigten Schalter, die brennende zum zweiten. Die nicht leuchtende, kalte Lampe wiederum wird über Schalter Nummer drei betätigt. Fertig!

Falls Sie glauben, dass nur altmodische Glühbirnen sich beim Leuchten erhitzen, täuschen Sie sich. Auch Energiesparlampen und LED-Lampen werden zumindest warm. Der Trick funktioniert also auch bei modernen Leuchten.

29) Was tun gegen Diebe beim Paketdienst?

Herbert kann Angelika den wertvollen Diamantring tatsächlich zusenden, ohne dass er gestohlen wird. Einen Schlüssel muss er ihr übrigens nicht zukommen lassen, den würden die dreisten Diebe ja auch gleich einstecken. Herbert braucht aber auf jeden Fall die Mithilfe seiner Freundin. Wie der Ring trotz aller Hindernisse schließlich zu Angelika kommt, zeigen die folgenden Zeichnungen:

Schritt 1: Herbert steckt den Ring in die Kiste und verschließt diese mit einem seiner Schlösser. Die Kiste sendet er Angelika.

Schritt 2: Angelika bekommt die Kiste, die sie aber mangels Schlüssel nicht öffnen kann. Jetzt kommt der Trick: Sie bringt zusätzlich eines ihrer Schlösser an, dafür muss der Beschlag genug Platz bieten. Dann schickt Angelika die nun mit zwei Schlössern gesicherte Kiste zurück an ihren Freund.

Schritt 3: Herbert öffnet sein Schloss, das Paket ist jetzt nur noch mit dem Schloss von Angelika gesichert und geht an sie zurück.

Schritt 4: Angelika öffnet die Kiste mit ihrem Schlüssel und hat endlich den Ring in ihren Händen.

Es gibt noch einen anderen Lösungsvorschlag: Angelika schickt Herbert eines ihrer Schlösser unverschlossen in einem normalen Paket. Herbert verschließt damit die Kiste, in die er zuvor den Ring gelegt hat, und sendet sie seiner Freundin. Das kann funktionieren – allerdings nur unter zwei Bedingungen: Erstens muss sich das Schloss ohne Schlüssel verschließen lassen. Und zweitens dürfen die Diebe beim Paketdienst das geöffnete Vorhängeschloss nicht aus dem Paket nehmen. Wenn die Langfinger schlau sind, machen sie das natürlich, denn sie ahnen, was Angelika und Herbert damit vorhaben.

30) Unschlagbare Springer

Es sind 32!

Schauen wir uns zunächst an, wie sich der Springer bewegt. Steht er auf einem weißen Feld, landet er nach einem Zug stets auf einem schwarzen Feld – und umgekehrt.
Wenn wir also auf alle weißen Felder einen Springer stellen, ist ausgeschlossen, dass ein Springer einen anderen schlagen kann. Von den 64 Feldern sind 32 weiß – also können wir 32 Springer auf dem Brett platzieren.

Nun müssen wir noch beweisen, dass es keine Lösung mit mehr als 32 Springern gibt. Dazu betrachten wir einen Ausschnitt des Schachbretts der Größe 4x2.

In die Felder sind Zahlen eingetragen. Steht ein Springer auf einem der acht Zahlenfelder, bedroht er automatisch das zweite Feld, in dem die gleiche Zahl steht. Dort darf deshalb kein Springer stehen – siehe folgende Skizze:

1	**2**	**3**	**4**
3	**4**	**1**	**2**

Daraus folgt: Auf dem 4×2 Felder großen Ausschnitt lassen sich höchstens vier Springer unterbringen. Wenn wir das Schachbrett der Größe 8×8 gedanklich in acht Teile der Größe 4×2 zerlegen, kommen wir auf maximal $4 \times 8 = 32$ Springer für das gesamte Brett.

31) Möge der Langsamste gewinnen – nur wie?

Der Mann sagte zu den beiden: »Tauscht die Pferde!«
So einfach ist das. Jeder sitzt dann auf dem Gaul seines Bruders und treibt dieses Tier an, damit das eigene Pferd nur Zweiter wird.

32) Die cleveren Logik-Zwerge

Ein Zwerg stellt sich vor alle anderen, ein zweiter daneben. Dann stellen sich die übrigen Zwerge einer nach dem anderen hinzu, sodass eine Reihe entsteht. Damit das Sortieren nach Mützenfarbe klappt, müssen die Zwerge zwei Regeln befolgen:

1) Haben die vorn stehenden Zwerge nur Mützen einer Farbe auf, stellt sich der neu hinzukommende Zwerg an den rechten oder linken Rand der Reihe.

2) Gibt es bereits schwarze und weiße Mützen in der Reihe, positioniert sich der hinzukommende Zwerg genau zwischen die Zwerge mit schwarzer Mütze auf der einen und die mit weißer Mütze auf der anderen Seite.

Auf diese Weise gelingt das Sortieren nach Mützenfarbe problemlos.

33) In die Brüche gehen

Das Ergebnis lautet 999/1.000.

Bei der Berechnung nutzen wir folgenden Trick:

$$\frac{1}{a(a+1)} = \frac{1}{a} - \frac{1}{a+1}$$

Wenn wir diese Formel für alle 999 Brüche anwenden, werden aus den 999 Brüchen $2 \times 999 = 1.998$ neue. Davon heben sich 1.996 wegen wechselnder Vorzeichen gegenseitig auf:

$$x = \frac{1}{1} - \frac{1}{2} + \frac{1}{2} - \frac{1}{3} + \frac{1}{3} - \frac{1}{4} + \ldots + \frac{1}{998} - \frac{1}{999} + \frac{1}{999} - \frac{1}{1.000}$$

Übrig bleiben nur zwei Brüche – und zwar 1/1 von ganz vorn und 1/1.000 von ganz hinten. Also gilt:

$$x = \frac{1}{1} - \frac{1}{1.000} = \frac{999}{1.000}$$

34) Gut abgewogen

Wir probieren zunächst, ob die Strategie, mit der wir in Kapitel 1 die zu schweren Schokoladentafeln gefunden haben, auch hier funktioniert. Wir nehmen eine Kugel aus Gefäß eins, zwei aus Gefäß zwei, drei aus Gefäß drei, vier aus Gefäß vier und fünf aus Gefäß fünf und legen die 15 Kugeln gemeinsam auf die Waage.
In der Anzeige muss mindestens der Wert von $15 \times 10 = 150$ Gramm stehen. Sind es 151 Gramm, dann können allein die Kugeln aus Gefäß eins zu schwer sein. Steht im Display jedoch 153 Gramm, sind zwei Varianten denkbar: Entweder sind alle Kugeln aus Gefäß drei zu schwer, oder aber jene aus Gefäß eins und zwei. Die Methode funktioniert so offenbar nicht, weil auch Kugeln aus zwei oder mehr Gefäßen zu schwer sein können. Wenn wir aber die Zahl der aus den Gefäßen entnommenen Kugeln verändern, klappt das Ganze doch.
Wichtig ist, dass es für jeden Wert, den die Waage anzeigt, nur eine einzige Verteilung der zu schweren Kugeln über die Gefäße gibt. Das gelingt, wenn wir mit Zweierpotenzen arbeiten. Wir nehmen aus dem

1. Gefäß $2^0 = 1$ Kugel,
2. Gefäß $2^1 = 2$ Kugeln,
3. Gefäß $2^2 = 4$ Kugeln,
4. Gefäß $2^3 = 8$ Kugeln,
5. Gefäß $2^4 = 16$ Kugeln.

Diese 31 Kugeln legen wir auf die Waage und ziehen von der Gesamtmasse $31 \times 10\,g = 310\,g$ ab. Das Ergebnis ist eine Zahl, die eine eindeutige Zuordnung ermöglicht.
Lautet es beispielsweise 16, befinden sich nur in Gefäß fünf zu schwere Kugeln. Beim Wert von 15 hingegen sind die gesuchten Kugeln in den Gefäßen eins bis vier, denn nur $1 + 2 + 4 + 8$ ergibt 15.

35) Wer ist der Dieb?

B sagt als Einziger die Wahrheit – und A ist der gesuchte Dieb.

Ein solches Logikrätsel löst man ganz streng systematisch mit einer Tabelle, die Logiker auch Wahrheitstabelle nennen. Sie enthält alle denkbaren Varianten und wir prüfen dann für jede Variante, ob sie konsistent ist, also frei von Widersprüchen. Wie das genau funktioniert, versteht man am besten am konkreten Beispiel.

Nur einer der vier Verdächtigen sagt die Wahrheit. Wir müssen also vier verschiedene Fälle untersuchen:

	Fall 1	Fall 2	Fall 3	Fall 4
A)	Wahrheit	Lügner	Lügner	Lügner
B)	Lügner	Wahrheit	Lügner	Lügner
C)	Lügner	Lügner	Wahrheit	Lügner
D)	Lügner	Lügner	Lügner	Wahrheit

Jede Spalte ist ein Fall. Wir prüfen nun, welcher der vier Fälle frei von Widersprüchen ist. Es kann dabei passieren, dass auch mehr als ein Fall möglich ist – dann gäbe es keine eindeutige Lösung für die Aufgabe.

Hier noch mal die vier Aussagen:

A) Ich habe das Gemälde nicht gestohlen.
B) Person A lügt!
C) Person B lügt!
D) B hat das Gemälde gestohlen.

Fall 1:

Dieser Fall ist ausgeschlossen. B und C sollen beide Lügner sein. Aber B sagt, C sei ein Lügner. Diese Aussage entspräche der Wahrheit, zugleich soll C aber Lügner sein. Das ist ein Widerspruch.

Fall 2:

Weil A lügt, muss A der Dieb sein. Die Aussagen der anderen drei Verdächtigen stehen nicht im Widerspruch dazu. Also sagt B als Einziger die Wahrheit.

Fall 3:

Ist nicht möglich. A und B sollen beide lügen. B sagt aber, dass A lügt, was eine wahre Aussage wäre und keine Lüge mehr. Ein nicht lösbarer Widerspruch.

Fall 4:

Auch diesen Fall können wir streichen – mit derselben Begründung wie Fall 3. A und B sollen beide lügen. B sagt aber, dass A lügt, was eine wahre Aussage wäre und keine Lüge mehr. Ein Widerspruch.

36) Lügner unter sich

Person 3 sagt als einzige die Wahrheit, alle anderen lügen.

Zur Übersicht noch mal die vier Statements:

Person 1: »Einer von uns lügt.«
Person 2: »Zwei von uns lügen.«
Person 3: »Drei von uns lügen.«
Person 4: »Wir lügen alle vier.«

Man könnte systematisch alle denkbaren Kombinationen einzeln untersuchen. Etwa: Person 1 lügt, alle anderen nicht. Passen die vier Aussagen dazu? Oder: Die Personen 1 und 2 lügen, die anderen beiden nicht. Auf diese Weise findet man auf jeden Fall die Lösung. Doch es dauert eine Weile, denn insgesamt gibt es 16 verschiedene Fälle.

Schneller geht es, wenn man die Statements direkt vergleicht.
Die Aussagen der vier Männer widersprechen einander. Es ist daher ausgeschlossen, dass mehr als eine Person die Wahrheit sagt. Also lügen entweder drei oder sogar alle vier. Die Zahl der Fälle hat sich damit deutlich reduziert.
Wir beginnen mit Fall zwei – es lügen alle vier. Das führt zu einem logischen Widerspruch, weil dann die Aussage von Person 4 gar keine Lüge wäre, sondern der Wahrheit entspräche. Person 4 wäre demnach gar kein Lügner. Das aber würde seiner Aussage »Wir lügen alle vier« widersprechen, weshalb dieser Fall nicht zutreffen kann.
Bleibt also nur, dass drei der Männer lügen. Person 3 sagt dann als einzige die Wahrheit – und das ist auch die einzig mögliche Lösung.

37) Kommen drei Logiker in eine Bar …

Der Barkeeper muss drei Bier bringen, für jeden Logiker eins.

Die drei Männer haben offensichtlich vor Betreten der Bar nicht besprochen, was sie trinken möchten. Auf die Frage »Na, nehmt ihr alle ein Bier?« sagt der erste Mann: »Ich weiß es nicht.« Daraus folgt, dass er selbst auf jeden Fall ein Bier möchte, sonst hätte er nämlich mit »Nein« geantwortet. Denn der Barkeeper fragte ja: »Wollt ihr ALLE ein Bier?« Weil der erste Logiker jedoch nicht weiß, was die anderen beiden trinken wollen, muss er selbst antworten: »Ich weiß es nicht.«

Beim Logiker Nummer zwei ist die Situation ähnlich. Zwar weiß er nun, dass Logiker Nummer eins ein Bier will. Aber möchte das auch der dritte Logiker im Bunde? Die Antwort des zweiten Mannes »Keine Ahnung« verrät immerhin, dass er selbst auf jeden Fall ein Bier zischen will. Sonst hätte er ja mit »Nein« geantwortet.
Nun zu Logiker drei. Er weiß aus den Antworten seiner beiden Mitstreiter, dass diese jeder ein Bier trinken wollen. Und weil er mit »Ja« antwortet, muss er auch selbst eins wollen. Damit ist klar, dass der Barkeeper drei Bier bringen muss.

38) Vier Fußballvereine und eine Umfrage

Von den 250 Bewohnern sind 50 Lügner und 200 sagen stets die Wahrheit.
Um die Lösung zu finden, müssen wir uns nur anschauen, wie Lügner und wie Wahrheitssagende auf die vier Fragen antworten:

1) Sind Sie Anhänger von Team A?
2) Sind Sie Anhänger von Team B?
3) Sind Sie Anhänger von Team C?
4) Sind Sie Anhänger von Team D?

Jemand, der die Wahrheit sagt, wird eine Frage mit Ja beantworten (denn er unterstützt ja eines der vier Teams) und drei Fragen mit Nein.

Ein Lügner hingegen wird einmal Nein antworten (bei der Frage nach seinem Team) und dreimal Ja sagen (bei den Fragen nach den Teams, von denen er kein Anhänger ist).

Fassen wir zusammen: Jeder Wahrheitsliebende liefert genau eine Ja-Stimme, jeder Lügner gibt drei Ja-Stimmen ab.

Wenn W die Anzahl der Wahrheitsliebenden ist und L die Anzahl der Lügner, dann muss die Summe aller Ja-Stimmen genau W + 3L entsprechen. Die Summe der Ja-Stimmen lässt sich leicht ausrechnen:

1) Sind Sie Anhänger von Team A? 90 × Ja
2) Sind Sie Anhänger von Team B? 100 × Ja
3) Sind Sie Anhänger von Team C? 80 × Ja
4) Sind Sie Anhänger von Team D? 80 × Ja

Ja-Stimmen = $90 + 100 + 80 + 80 = 350$. Außerdem wissen wir, dass $W + L = 250$ sein muss, denn das Dorf hat 250 Einwohner. Daraus ergibt sich folgendes Gleichungssystem:

$$W + L = 250$$
$$W + 3L = 350$$

Daraus folgt sofort: $2L = 100$ und damit $L = 50$. Es gibt deshalb 50 Lügner.

39) Lügner am Tisch

Es sind zehn Personen, davon sind fünf Lügner und fünf Wahrheitssagende.
Warum? Jeder sagt über seinen Nachbarn, dieser sei ein Lügner. Dann muss von zwei nebeneinander Sitzenden zwingend einer ein Lügner sein und der andere ein Wahrheitssagender.
Der Lügner sagt über seinen die Wahrheit aussprechenden Nach-

barn dann, dieser sei ein Lügner (was gelogen ist). Der Wahrheitssagende wiederum erklärt (zutreffenderweise), dass sein Nachbar zur Gruppe der Lügner gehöre.
Aus dieser Überlegung folgt, dass sich am Tisch immer Lügner und Wahrheitssagende abwechseln müssen. Weil der Tisch oval ist und jeder zwei Nachbarn hat, klappt das nur bei einer geraden Anzahl von Personen – siehe Grafik:

Bei einer ungeraden Zahl müssten zwei Personen nebeneinandersitzen, die entweder beide lügen oder beide die Wahrheit sagen. Das ist jedoch nicht möglich – siehe oben.

Wie viele sind nun aber am Tisch versammelt? Wenn die Frau behauptet, am Tisch säßen elf Personen, muss sie eine Lügnerin sein, denn elf ist eine ungerade Zahl. Der Mann hingegen, der erklärt, dass die Frau lüge und es zehn Personen seien, sagt die Wahrheit.

40) Ist das gelogen?

Folgende Frage bringt Sie zum Ziel: Wohin würde mich der Angehörige des Stammes, dem Sie nicht angehören, schicken, wenn ich zum Schloss will?
Ist Ihr Gegenüber ein Lügner, würde er Ihnen den falschen Weg zeigen. Denn der Wahrheitssager würde den richtigen Weg wählen – und der Lügner macht daraus den falschen Weg.
Sofern der Mann zum Stamm der Wahrheitsliebenden gehört, würde er ebenfalls in die falsche Richtung zeigen. Denn das wäre ja die Antwort eines Lügners, die der Wahrheitssagende dann einfach wiedergibt.
Egal welchem Stamm der Mann angehört, er wird Ihnen also immer den falschen Weg weisen. Sie nehmen dann einfach den anderen und landen wie gewünscht im Schloss.

41) Ein Wanderer, zwei Fragen und drei Gespenster

Die erste Frage an ein beliebiges Gespenst muss lauten: Welches der beiden anderen Gespenster sagt mit größerer Wahrscheinlichkeit die Wahrheit?
Bei den Antworten müssen wir drei Fälle unterscheiden:

1) Die Frage wurde dem Gespenst des Tages gestellt. Es würde dann auf das Gespenst der Dämmerung zeigen.

2) Die Frage wurde dem Gespenst der Nacht gestellt. Die wahrheitsgemäße Antwort wäre das Gespenst des Tages. Weil das Gespenst der Nacht jedoch lügt, zeigt es wie im Fall 1 auf das Gespenst der Dämmerung.

3) Befragt wurde das Gespenst der Dämmerung. Die richtige Antwort wäre das Gespenst des Tages. Doch das befragte Gespenst zeigt entweder aufs Gespenst des Tages oder aufs Gespenst der Nacht, denn es lügt gelegentlich.

Wie nun weiter? Schaut man sich die Antworten genau an, fällt auf, dass das Gespenst der Dämmerung entweder das befragte Gespenst (Fall 3) ist oder jenes, auf das das befragte Gespenst gezeigt hat (Fälle 1 und 2).

Es gibt aber neben dem befragten Gespenst und jenem, auf das das befragte zeigt, noch ein drittes. Das ist auch jenes Gespenst, dem der Wanderer die zweite Frage stellt. Denn dieses kann entweder nur das Gespenst der Nacht oder das Gespenst des Tages sein.

Die zweite, leider etwas komplizierte Frage lautet: Wohin würde mich jenes der beiden anderen Gespenster schicken, das nicht das Gespenst der Dämmerung ist, wenn ich es nach dem Weg zur Herberge frage?

Hier müssen wir zwei Fälle unterscheiden:

1) Die Frage richtet sich an das Gespenst des Tages. Das andere Gespenst, welches nicht das der Dämmerung ist, wäre dann das Gespenst der Nacht. Dieses würde den falschen Weg zeigen – und das Gespenst des Tages würde daher wegen seiner Treue zur Wahrheit auch den falschen Weg zeigen.

2) Die Frage richtet sich an das Gespenst der Nacht. Das andere Gespenst, welches nicht das der Dämmerung ist, wäre dann das Gespenst des Tages. Dieses würde den richtigen Weg weisen – und das Gespenst der Nacht würde daher als notorischer Lügner den falschen Weg zeigen.

Fazit: In beiden Fällen zeigen die Befragten in die falsche Richtung. Der Wanderer nimmt einfach den anderen Weg und landet direkt bei der Herberge.

42) Ein Allwissender in Nöten

Es sind verschiedene Fragen denkbar, die aber alle ähnlich funktionieren. Mein Vorschlag für die Frage lautet: »Wirst du diese Frage mit ›Nein‹ beantworten?«

Antwortet der weise Mann mit »Nein«, dann sagt er »Nein« und bestreitet zugleich, mit »Nein« zu antworten. Das ist ein Widerspruch. Lautet seine Antwort hingegen »Ja«, ergibt sich ebenfalls ein Widerspruch. Denn der Mann würde dann mit der Antwort »Ja« bestätigen, dass er mit »Nein« antwortet, was er aber nicht tut.

Das Ganze ist eng verwandt mit dem Lügner-Paradoxon. Denn wenn jemand sagt: »Ich lüge gerade«, dann steckt er mittendrin im Schlamassel. Das Problem ist, dass sich die Aussage des Satzes auf die ihn aussprechende Person bezieht. Nehmen wir an, die Person lügt tatsächlich gerade. Dann könnte sie den Satz aber so nicht sagen, denn er wäre dann ja keine Lüge.

Wenn wir hingegen davon ausgehen, dass der Betreffende in diesem Augenblick die Wahrheit sagt, also nicht lügt, ist die Situation ebenfalls paradox. Denn dann würde seine Aussage »Ich lüge gerade« nicht stimmen.

Nach demselben logischen Prinzip funktioniert auch der Satz »Dieser Satz ist falsch«. Auch er ist ein Lügner-Paradoxon. Hier bezieht sich die Aussage des Satzes auf den Satz selbst.

Einige SPIEGEL-ONLINE-Leser haben alternative Fragen vorgeschlagen, die ein Ereignis in der Zukunft betreffen. Zum Beispiel: »Wird es morgen regnen?« Oder in Bezug auf Schrödingers Gedankenexperiment mit einer Katze: »Ist das Tier in zwei Monaten tot?« Aber wenn man ganz streng ist, könnte man allerdings sagen, dass ein Allwissender das selbstverständlich weiß, auch wenn es physikalischen Gesetzen widerspricht.
Eine Frage, die besser funktioniert, ist die folgende: »Werden Sie rot, wenn Sie lügen?« Weil der Allwissende noch nie gelogen habe, könne er unmöglich die richtige Antwort wissen, argumentiert der Leser. Antwortet er jedoch: »Ich weiß es nicht«, verliert er den Nimbus der Allwissenheit.

43) Fünf Mützen und drei Gefangene

Die Häftlinge tragen die Nummern 111, 222 und 333. Der zuletzt befragte Häftling mit der Nummer 333 sieht auf den Köpfen seiner beiden Mitgefangenen weiße Mützen. Er selbst könnte sowohl eine schwarze als auch eine weiße tragen. Offenbar kann er aber aus den Antworten der Häftlinge 111 und 222 folgern, dass nur Weiß infrage kommt.

Um die Logik dahinter zu verstehen, müssen wir uns in jeden der drei Gefangenen hineinversetzen und dabei berücksichtigen, dass jeder von ihnen über andere Informationen verfügt.
Die Mützenfarben von 111 und 222 stehen – zumindest aus der Perspektive von 333 – fest: Weiß. Für Häftling 333 sind zwei Fälle denkbar: Seine Mütze ist entweder schwarz oder weiß. Diese Fälle schauen wir uns nun einzeln genauer an.

Fall 1: Die Mütze von Häftling 333 ist weiß

Gefangener 111 sieht zwei weiße Mützen und sagt logischerweise: »Ich weiß es nicht.« Denn seine Mützenfarbe könnte sowohl Weiß als auch Schwarz sein.
Gefangener 222 sieht ebenfalls zwei weiße Mützen. Versetzen wir uns in seine Gedanken. Er könnte eine weiße oder eine schwarze Mütze tragen. Häftling 111 würde dann entweder zwei weiße oder eine weiße und eine schwarze Mütze sehen. In beiden Fällen würde Häftling 111 auf die Frage nach seiner Mützenfarbe antworten: »Ich weiß es nicht.« Die Antwort von Häftling 111 erlaubt Häftling 222 also keinerlei Rückschlüsse auf die eigene Farbe. Also muss 222 ebenfalls antworten: »Ich weiß es nicht.«

Fazit: Wir kennen die Farbe von 333 zwar noch nicht. Die von 111 und 222 gegebenen Antworten würden aber dazu passen, dass 333 eine weiße Kopfbedeckung hat. Für einen Beweis reicht das noch nicht aus. Wir müssen uns erst noch den anderen Fall anschauen.

Fall 2: Die Mütze von Häftling 333 ist schwarz

Gefangener 111 sieht eine weiße und eine schwarze Mütze und sagt logischerweise: »Ich weiß es nicht.« Seine Mütze könnte ja schwarz oder auch weiß sein.
Gefangener 222 sieht eine weiße (bei 111) und eine schwarze Kopfbedeckung (bei 333). Aus der Antwort des Kollegen 111 kann Häftling 222 allerdings folgern, dass er selbst eine weiße Mütze aufhaben muss. Denn wäre seine Mütze schwarz, hätte Gefangener 111 zwei schwarze Mützen gesehen – bei 222 und 333. Und weil es nur zwei schwarze Mützen gibt, hätte Häftling 111 dann geantwortet, dass seine Mütze weiß ist.
Das hat er aber nicht getan, weshalb für Häftling 222 feststeht, dass seine Mütze weiß ist. Doch Häftling 222 hat nicht »weiß« geantwortet, sondern: »Ich weiß es nicht.« Daraus folgt, dass der Gefangene

333 keine schwarze Mütze tragen kann. Denn sonst hätte Häftling 222 ja seine Mützenfarbe nennen können.

Wir haben damit gezeigt, dass unsere Annahme, Häftling 333 habe eine schwarze Mütze, nicht zu den Antworten passt, welche die Häftlinge 111 und 222 gegeben haben. Daher kann Fall 2 nicht zutreffen und die Mützenfarbe von 333 ist Weiß.

44) Verlogen oder ehrlich?

Trauen kann der Schiffbrüchige der Person in der Mitte.

Egal, welchem Stamm die zuerst befragte Person links angehört, sie muss immer gesagt haben: »Ich bin ein Ehrlicher.« Warum? Ist sie tatsächlich ehrlich, sagt sie stets die Wahrheit. Und wenn sie ein Lügner wäre, würde sie lügen und ebenfalls behaupten, sie sei ehrlich. Daraus folgt, dass die mittlere Gestalt auf jeden Fall die Wahrheit gesagt hat, also zum Stamm der Ehrlichen gehört.
Die Person ganz rechts ist deshalb ein Lügner. Denn sie behauptet ja, sie sei ehrlich und die anderen beiden seien Lügner.
Wir wissen also, dass man der mittleren Gestalt auf jeden Fall trauen kann und der Person ganz rechts nicht.

Über die Person ganz links können wir leider nichts sagen. Sie könnte ein Lügner sein – aber ebenso ehrlich sein. Warum ist das so? Die Aussage der Gestalt ganz rechts (»Beide sind Lügner«) ist nicht nur eine Lüge, wenn beide ehrlich sind, sondern streng genommen auch dann, wenn eine Person ehrlich ist und die andere lügt.

45) Wie retten die Schlümpfe ihr Leben?

Die Gefangenen wählen unter sich einen Zählschlumpf und treffen folgende Vereinbarung: Alle außer dem Zählschlumpf machen beim Betreten des Saales nichts, sofern das Licht bereits brennt. Ist das Licht hingegen aus, so schalten sie es an – allerdings nur, wenn sie zum ersten Mal in den unbeleuchteten Saal treten. Jeder darf nur einmal das Licht anschalten.
Der Zählschlumpf geht anders vor: Er knipst das Licht immer aus, sofern es angeschaltet ist. Ist es im Saal dunkel, macht er nichts. Der Zählschlumpf muss dabei mitzählen, wie oft er das Licht bereits ausgeschaltet hat. Wenn er zum hundertsten Mal den Schalter drückt, weiß er mit Sicherheit, dass alle anderen 99 Schlümpfe schon mindestens einmal vor ihm in dem Saal waren.

46) Rettende Logik

Der größte Logiker ganz links kann seine eigene Farbe nicht kennen – aber er könnte seinen neun Kollegen hilfreiche Hinweise geben, denn er hat alle neun Hüte im Blick. Die Schwierigkeit besteht darin, dass er wie alle anderen auch nur »Schwarz« oder »Weiß« sagen darf. Könnte er zum Beispiel Zahlen nennen, etwa die Menge schwarzer Hüte, die er sieht, wäre die Sache einfacher.

Welche Informationen aber könnte er mit den Wörtern Schwarz und Weiß kodieren? Der Trick ist der folgende: Er sagt »Schwarz«, wenn er eine ungerade Anzahl schwarzer Hüte bei den neun vor ihm stehenden Kollegen sieht. Ist diese Zahl hingegen gerade, sagt er »Weiß«.

Seine Aussage hat nichts mit der Farbe des eigenen Huts zu tun, über die er ja ohnehin nichts weiß. Sie hilft aber den neun anderen Logikern, ihre Farbe richtig anzugeben. Wie das funktioniert, zeigen die folgenden Zeichnungen:

Der Größte ganz links sieht drei schwarze Hüte – eine ungerade Zahl. Also sagt er »Schwarz«. Wäre die Anzahl gerade, hätte er »Weiß« gesagt.

Der Zweite von links weiß, dass die Person hinter ihm eine ungerade Zahl schwarzer Hüte sieht – und er selbst ebenfalls, nämlich drei. Also muss er einen weißen Hut aufhaben und sagt »Weiß«.

Person Nummer drei sieht zwei schwarze Hüte – eine gerade Zahl. Die Personen hinter ihr haben jedoch eine ungerade Anzahl erspäht, woraus folgt: Person drei hat einen schwarzen Hut auf und sagt dies auch. Alle anderen können daraus folgern, dass die Anzahl schwarzer Hüte unter den sieben kleinsten Personen eine gerade Zahl sein muss.

Der Vierte von links erblickt nur noch einen schwarzen Hut – eine ungerade Zahl. Die Person hinter ihm hat jedoch eine gerade Anzahl gesehen. Also muss der Viertgrößte ebenfalls einen schwarzen Hut tragen und sagt »Schwarz«. Daraus folgt: Die Anzahl schwarzer Hüte unter den sechs kleinsten Personen ist wiederum eine ungerade Zahl.

Genau einen schwarzen Hut entdeckt die fünftgrößte Person vor sich – eine ungerade Zahl. Auch die Person hinter ihr hat eine ungerade Anzahl schwarzer Hüte gesehen – also ist der Hut von Nummer fünf weiß.

Analog dazu ist die Situation bei Person sechs. Sie sagt ebenfalls »Weiß«.

Wie auch Person Nummer sieben.

Und auch Person Nummer acht.

Nummer neun sagt ebenfalls »Weiß«.

Der Kleinste aus der Zehnerrunde hat genau verfolgt, was all die anderen gesagt haben. Er weiß daher, dass die fünf direkt hinter ihm Stehenden eine ungerade Anzahl schwarzer Hüte gesehen haben, aber sämtlich weiße Hüte tragen. Daraus folgt: Der eigene Hut muss schwarz sein. Damit haben neun der zehn Personen die richtige Hutfarbe genannt.

47) Verflixte Spirale

Die Länge beträgt 18,6 cm.

Die Schwierigkeit besteht darin, dass die spiralförmige Linie dreidimensional ist. Doch es gibt einen einfachen Trick, um die Aufgabe zu lösen. Rollen Sie die Linie in der Ebene einfach ab. Weil die Spirale fünf vollständige Runden macht, müssen Sie den Zylinder fünf volle Umdrehungen rollen. Dies ergibt eine Abrollstrecke, die fünfmal so lang ist wie der Umfang des Zylinders.

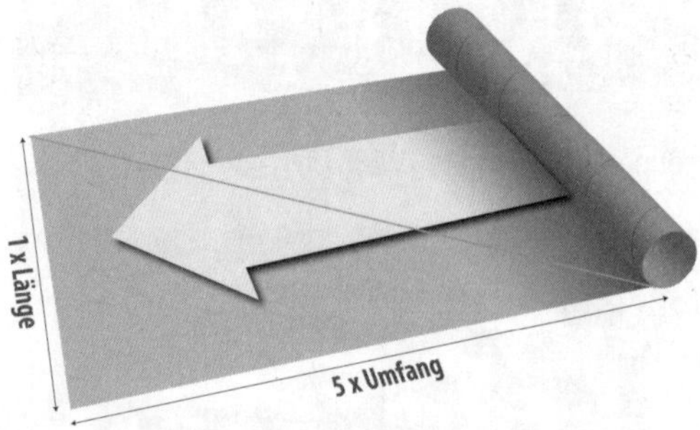

Beim Abrollen entsteht eine gerade Linie, welche die Diagonale eines Rechtecks bildet – siehe Zeichnung. Dieses Rechteck hat die Seitenlängen 1-mal Zylinderlänge und 5-mal Zylinderumfang. Mit dem Satz des Pythagoras ($a^2 + b^2 = c^2$) können wir die Länge der grünen Linie leicht ausrechnen. Sie ist die Wurzel aus Zylinderlänge zum Quadrat plus 5-mal Zylinderumfang zum Quadrat.

$$\text{Linienlänge} = \sqrt{10 \times 10 + 5 \times 3{,}14 \times 5 \times 3{,}14}\ \text{cm}$$

$$\text{Linienlänge} = \sqrt{100 + 246{,}7}\ \text{cm}$$

$$\text{Linienlänge} = \sqrt{346{,}7}\ \text{cm}$$

Das Ergebnis lautet 18,6 cm.

48) Aus einem Quadrat werden zwei

Die kleinstmögliche Zahl von Einzelstücken ist vier. Folgende Zeichnung zeigt eine Zerlegung.

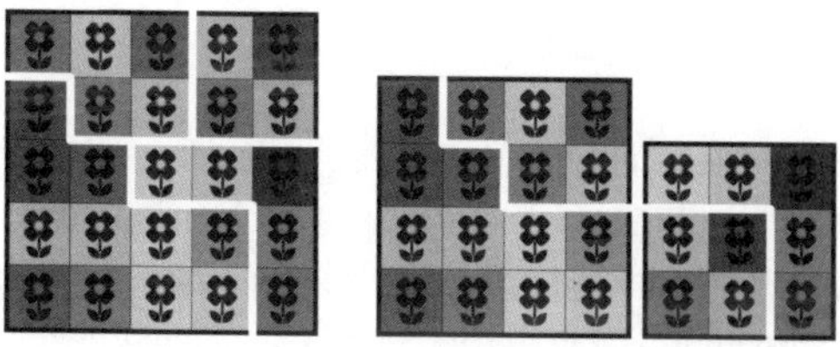

Leser haben mir noch zwei andere Varianten geschickt – auch sie lösen das Rätsel.

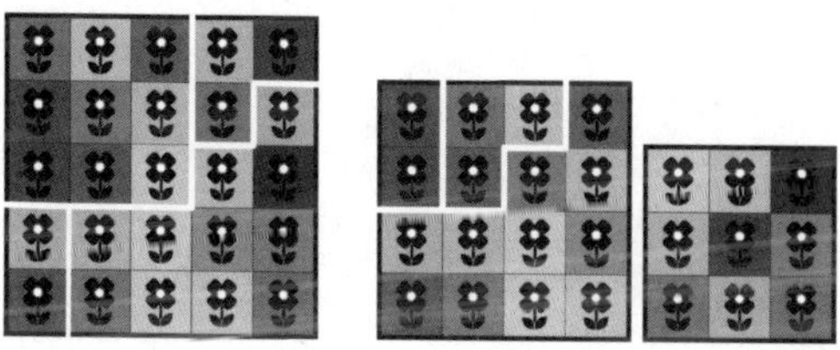

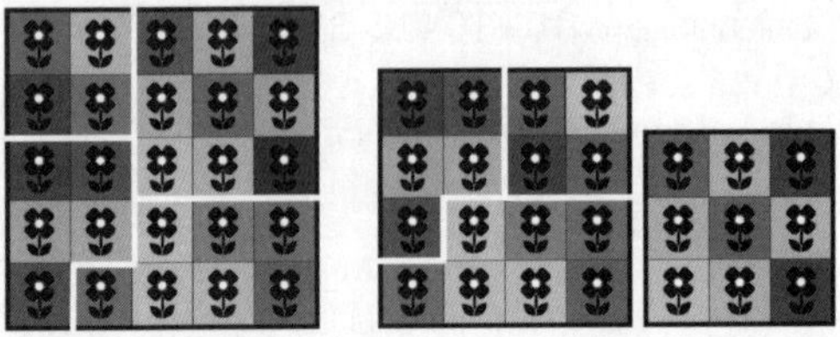

In beiden Fällen wird das aus 3 × 3 Kacheln bestehende Quadrat im Ganzen herausgeschnitten – aber die übrige Zerlegung ist unterschiedlich.

49) Lass es kacheln!

Der Schwarzanteil beträgt $\frac{1}{13}$.

Auf dem Boden liegen genau doppelt so viele schwarze Kacheln wie weiße. Das erkennt man, wenn man eine sechseckige und zwei dreieckige Kacheln gedanklich zu einer unregelmäßigen achteckigen Kachel zusammenfügt, wie in der folgenden Zeichnung geschehen.

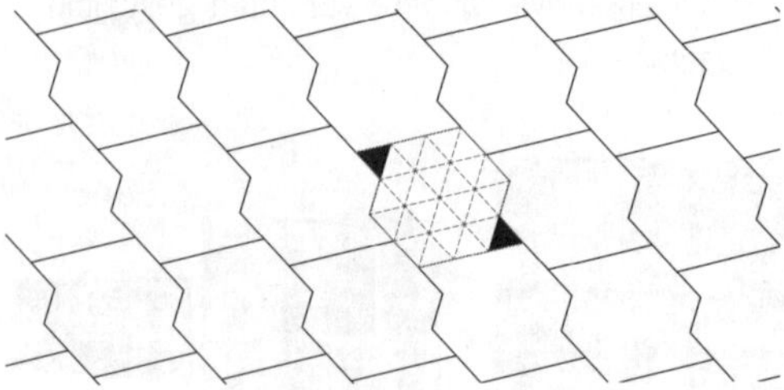

Der Boden ist dann vollständig von achteckigen Kacheln gleicher Form und Größe bedeckt. Wenn wir den Anteil schwarzer Flächen herausfinden wollen, reicht es deshalb aus, den Anteil beim unregelmäßigen Achteck zu berechnen.
Darin befinden sich zwei schwarze Dreiecke und ein weißes Sechseck. Wir können das Sechseck zerlegen – zunächst in sechs gleichseitige Dreiecke und diese sechs Dreiecke wiederum in je vier regelmäßige Dreiecke. Diese $6 \times 4 = 24$ Dreiecke sind genauso groß wie jede der schwarzen Kacheln – siehe Zeichnung oben.

Das unregelmäßige Achteck besteht also aus 24 gelben und 2 schwarzen Dreiecken gleicher Größe. Der Schwarzanteil liegt deshalb bei $\frac{2}{24+2} = \frac{2}{26} = \frac{1}{13}$.

50) Das Kreuz mit dem Kreis

Der Radius beträgt 25 cm.

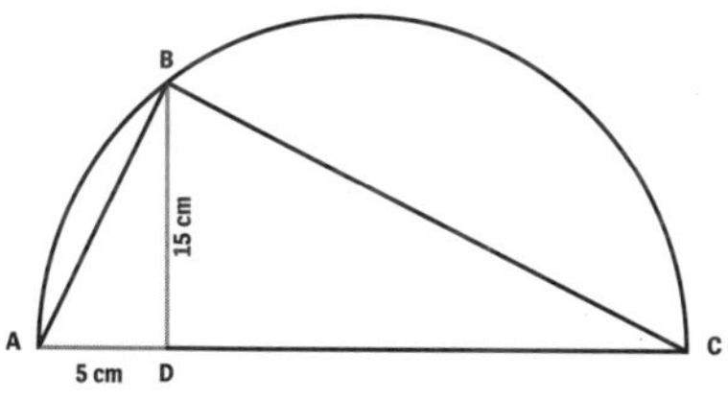

Wir zeichnen ein Dreieck über dem Durchmesser ein, das nach dem Satz des Thales rechtwinklig sein muss. Daraus folgt: Die Dreiecke ABD und BCD sind ähnlich, die Verhältnisse der Seiten zueinander müssen gleich sein. Beim Dreieck ABD ist die lange Kathete dreimal so lang wie die kurze. Daraus folgt: Die Strecke DC, die lange Kathete des Dreiecks BCD ist $3 \times 15 = 45$ cm lang. Der Durchmesser beträgt daher $5 + 45 = 50$ cm und der Radius 25 cm.

51) Ein Bauer, ein Baum und eine dreieckige Weide

Es gibt mehrere Lösungswege. Einen besonders eleganten möchte ich hier skizzieren:

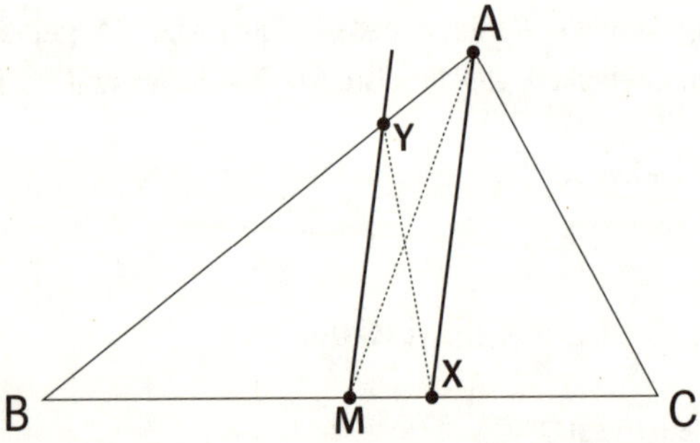

Sie verbinden zuerst den Punkt X mit A. Dann zeichnen Sie den Mittelpunkt M der Strecke BC ein, dazu genügen Zirkel und Lineal. Im letzten Schritt zeichnen Sie eine zu AX parallele Gerade durch den Punkt M. Diese schneidet AB im gesuchten Punkt Y.
Warum?
Die Dreiecke ABM und AMC sind gleich groß. Wenn Sie die beiden Diagonalen in das Trapez AYMX einzeichnen, sehen Sie sofort, dass auch die Dreiecke AYM und YMX gleich groß sind. Und deshalb hat das Dreieck YBX auch dieselbe Fläche wie das Dreieck ABM und wie das Viereck AYXC.

52) Bauprojekt mit zwei Pyramiden

Die richtige Lösung lautet 5. Streng genommen stimmt aber auch 8, weil die Aufgabe nicht präzise formuliert ist.

Viele Schüler hatten allerdings als Lösung 7 Flächen angekreuzt. Und das war auch die ursprünglich als richtig vorgegebene Lösung. Die Argumentation dafür ging so: Wenn man die zwei Körper mit 5 und mit 4 Außenflächen zusammenfügt, verschwinden zwei Seitenflächen im Innern des neu entstehenden Körpers. Also erhält man $5+4-2=7$ Flächen.

Doch diese Lösung stimmt nicht, wie die Autoren des Tests später einräumen mussten. Denn an dem neuen Körper stoßen zweimal jeweils zwei Dreiecksflächen so aneinander, dass sie in einer Ebene liegen.

Am besten versteht man das, wenn man die Pyramide mit der viereckigen Grundfläche gedanklich kopiert und die Kopie genau neben das Original stellt. In der folgenden Zeichnung haben diese beiden Pyramiden transparent-weiße Außenflächen.

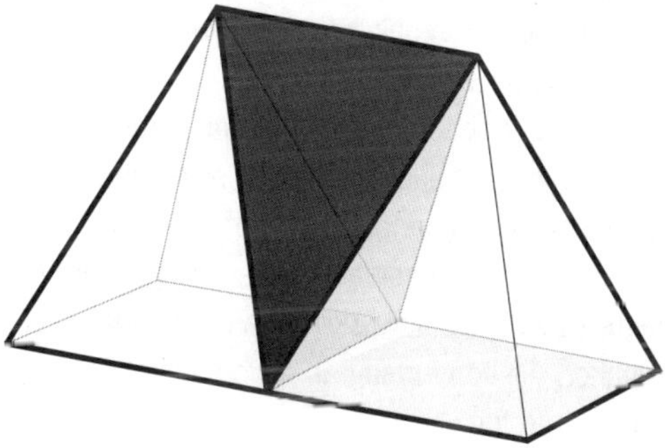

In die Lücke zwischen den beiden weißen Pyramiden passt dann genau das grau gezeichnete Tetraeder. Es füllt den Raum zwischen den Spitzen der beiden Pyramiden von oben bis unten vollständig aus – die entstehende Figur erinnert an ein Zelt.

Nun kommt der entscheidende Punkt: Die eine graue und die zwei daran grenzenden weißen Seitenflächen liegen in einer Ebene – und zwar sowohl auf der Vorder- wie auf der Rückseite des Zelts.
Jetzt können wir uns eine der weißen Pyramiden wieder wegdenken. Übrig bleibt genau der Körper, um den es in diesem Rätsel geht. Die Zahl seiner Außenflächen ist dann nicht 7, sondern 7 – 2 = 5. Denn zweimal liegen je zwei Dreiecke in einer Ebene und bilden jeweils eine gemeinsame Außenfläche

Wie aber kommt man auf die zweite Lösung von 8 Außenflächen? Nun, man könnte das Tetraeder theoretisch ja auch so in die Pyramide mit quadratischer Grundfläche setzen, dass es diese durchdringt. Die Tetraederspitze würde dann die Außenfläche der Pyramide durchstoßen. Und weil die Spitze drei Seitenflächen hat, ergeben sich 5 + 3 = 8 Flächen.
Die Ergebnisse des Tests von 1980 mussten im Nachhinein korrigiert werden. Immerhin hatten 240.000 Schüler die Antwort a gewählt (5 Flächen). Die eigentlich falsche Antwort c (7) wurde aber weiterhin als richtig gewertet.
Die offenbar nur sehr selten gewählte, eher theoretische Variante d (8 Flächen) hingegen galt auch nach der Korrektur als falsch. Was einen Mediziner von der Columbia University zu einem lustigen Statement in der »New York Times« animierte: Die Antwort als falsch zu werten, klagte David Forrest, diskriminiere »künftige Internisten und Psychoanalytiker, die von Anfang an davon ausgegangen sind, dass alles eine Innenseite hat.«

53) Schließt sich der Kreis?

Übersichtlicher wird das Problem, wenn wir den Viertelkreis viermal nehmen und zu einem vollständigen Kreis zusammensetzen – siehe folgende Zeichnung.

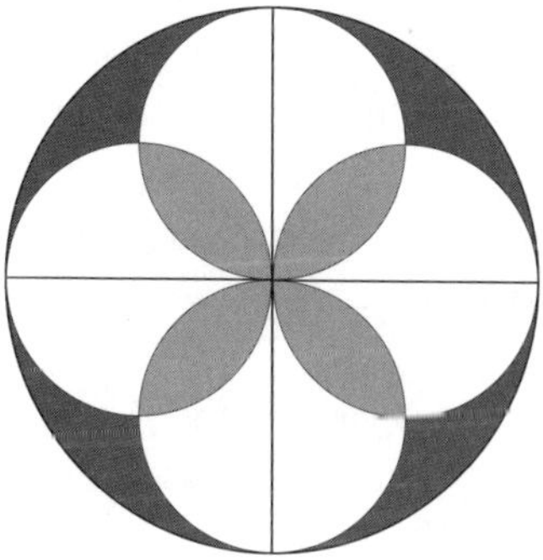

Der große Kreis soll einen Radius von r haben. Der Durchmesser der vier kleinen Kreise ist dann ebenfalls r. Die Formel für die Fläche eines Kreises mit dem Radius r lautet $\pi \times r^2$. π ist die Kreiszahl. Mehr brauchen wir nicht zu wissen, um das Problem zu lösen.

Die Fläche des großen Kreises ist $\pi \times r^2$. Wir können sie aber auch interpretieren als Summe der Flächen von:

- den vier dunkelgrauen Stücken und
- den vier kleinen weißen Kreisen minus den vier hellgrauen Stücken.

Die Flächen in Hellgrau müssen wir abziehen, weil sie ansonsten doppelt gezählt würden. Die Gesamtfläche der vier weißen Kreise ist

$$4 \times \pi \times (\frac{r}{2})^2 = 4 \times \pi \times \frac{r^2}{4} = \pi \times r^2.$$

Sie entspricht damit genau der Fläche des großen Kreises. Daraus ergibt sich sofort, dass die hell- und dunkelgrauen Flächen gleich groß sein müssen, denn es muss gelten:

$$\pi \times r^2 = 4 \times \text{dunkelgraue Fläche} + \pi \times r^2 - 4 \times \text{hellgraue Fläche}$$

Oder anders geschrieben:

$$\pi \times r^2 = \pi \times r^2 + 4 \times \text{dunkelgraue Fläche} - 4 \times \text{hellgraue Fläche}$$

Wenn wir $\pi \times r^2$ auf beiden Seiten subtrahieren und danach alles durch 4 teilen, erhalten wir:

$$\text{dunkelgraue Fläche} = \text{hellgraue Fläche}$$

54) Verwinkelter Würfel

Es sind 60 beziehungsweise 120 Grad.

Wie so oft bei Geometrierätseln hilft ein kleiner Trick. Im Falle der beiden Würfel zeichnen Sie einfach weitere Linien auf die Seitenflächen und erhalten so ein gleichseitiges Dreieck beziehungsweise bei der Zusatzfrage ein regelmäßiges Sechseck. Und die Frage nach den Winkeln ist dann ganz leicht zu beantworten.

Drehen Sie den Würfel und Sie sehen im ersten Fall sofort, dass nach dem Einfügen einer dritten Diagonalen ein gleichseitiges Dreieck entstanden ist. Der zu bestimmende Winkel entspricht genau dem Innenwinkel darin und ist 60 Grad.

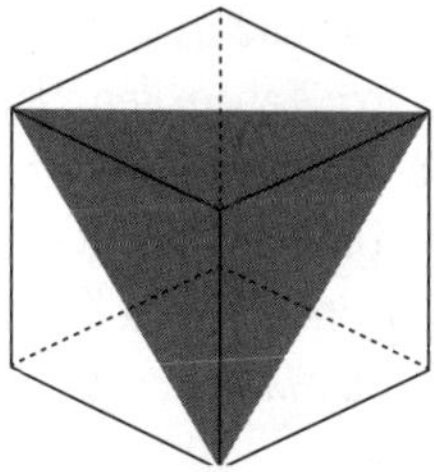

Bei der Zusatzaufgabe entsteht kein Dreieck, sondern ein regelmäßiges Sechseck, dessen Innenwinkel 120 Grad groß sind.

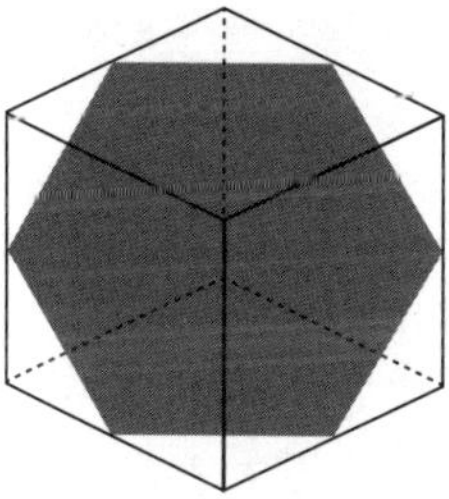

Sie können die dunklen Flächen auch als Schnittebene betrachten. Wenn Sie den Würfel entlang der dunklen Flächen zersägen, erhalten Sie als Schnittfläche ein regelmäßiges Dreieck beziehungsweise Sechseck.

55) Wie viele Scheiben werden gebraucht?

Die Lösung lautet sieben.

Die Kreise vom Radius 1 müssen die Kreislinie vollständig überdecken. Wie viele Kreise sind dafür mindestens nötig? Es sind sechs.

Mit fünf klappt es nicht, denn ein Kreis mit dem Radius 1 kann höchstens eine Streckenlänge von 2 abdecken. Umgerechnet auf den großen Kreis entspricht das einem Sechstel des gesamten Kreisbogens – siehe Zeichnung. Um die gesamte Länge des Kreisbogens abzudecken, braucht man daher mindestens sechs Kreise. Fehlt noch ein siebenter Kreis, den wir genau in die Mitte des großen Kreises setzen.

So klappt die vollständige Abdeckung tatsächlich, wie die folgende Zeichnung zeigt.

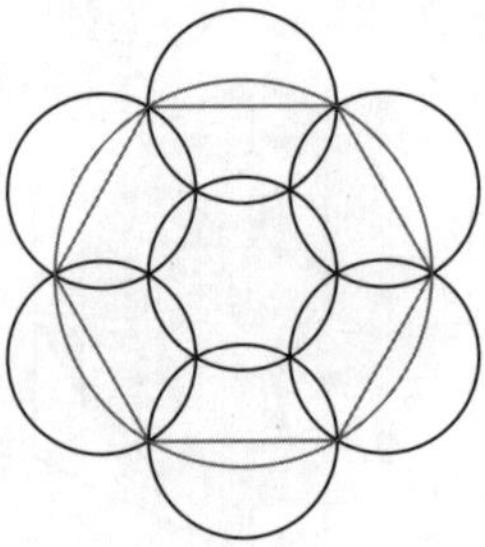

56) Die Kugel passt genau

Der Radius beträgt $\frac{a(\sqrt{3}-1)}{2(\sqrt{3}+1)}$.

Wir berechnen zunächst den Abstand vom Rand der Kugel bis zur Würfelecke. Die Distanz vom Kugelmittelpunkt bis zur Ecke beträgt $\sqrt{3} \times \frac{a}{2}$.

Vom Kugelrand bis zur Ecke sind es deshalb $\sqrt{3} \times \frac{a}{2} - \frac{a}{2} = \frac{a}{2}(\sqrt{3}-1)$.

Wir können diese Distanz auch über den Radius r der einbeschriebenen kleinen Kugel ausdrücken. Der Abstand beträgt $r + \sqrt{3}\,r$. Daher gilt:

$$\frac{a}{2}(\sqrt{3} - 1) = r(\sqrt{3} + 1)$$

$$r = \frac{a(\sqrt{3} - 1)}{2(\sqrt{3} + 1)}$$

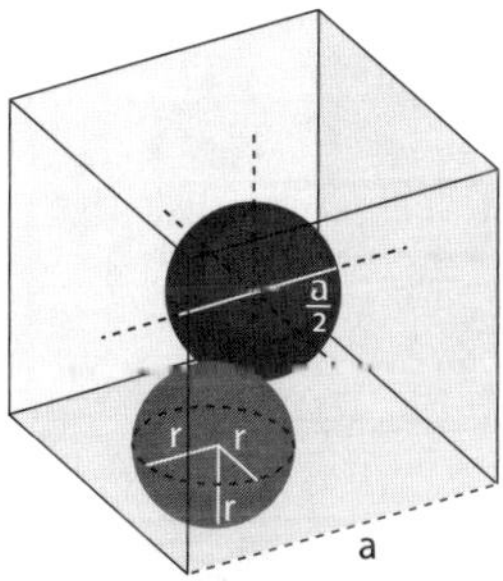

57) Immer schön auf dem Teppich bleiben

Ja, die Aufgabe ist lösbar. Bei der hier vorgestellten Lösung teilen Sie das 6 mal 6 Meter große Stück mit einem gestuften Schnitt – siehe folgende Skizzen.

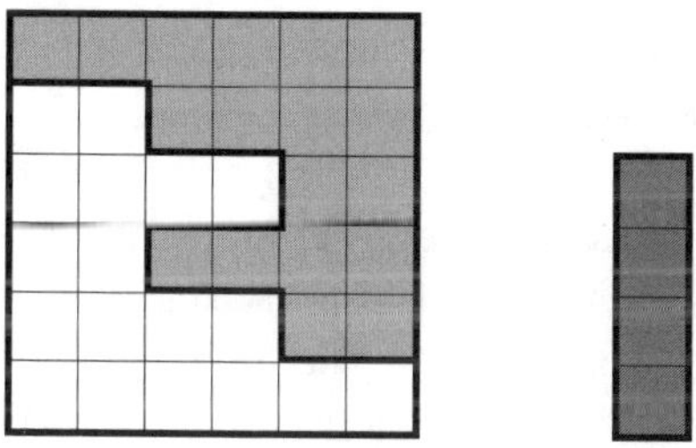

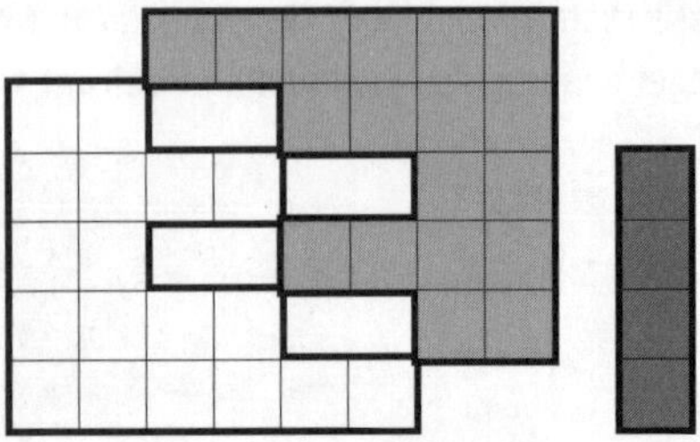

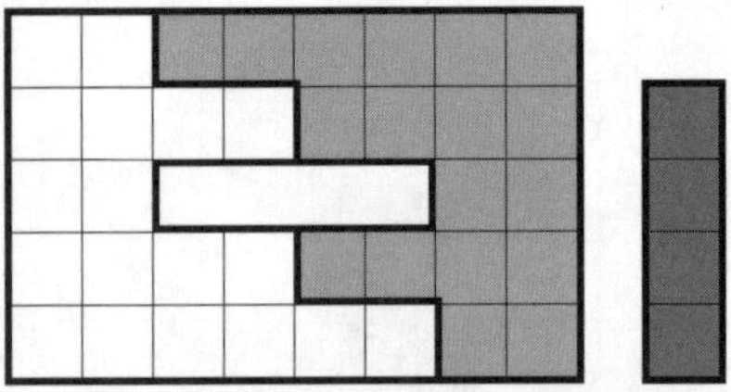

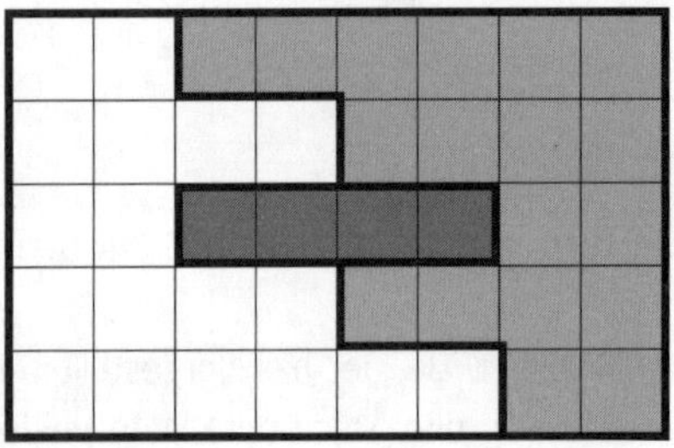

Zugegeben: Das war ein relativ schweres Rätsel. Vor allem, weil man nicht so recht wusste, wie der Teppich geschnitten werden soll: im Zickzack? Oder diagonal?

Entdeckt habe ich dieses Teppich-Puzzle auf der Webseite mathematik.ch. Dort ist die Aufgabe allerdings noch schwieriger. Zum einen, weil die beiden Teppichstücke größer sind. Zum anderen, weil der explizite Hinweis fehlt, dass ein Schnitt auch rechtwinklig sein darf.

58) Alter gesucht

Die Töchter sind 5 und 10 Jahre alt, Vater und Mutter 31 und 29.

Wir zerlegen das Produkt 44.950 in Primaktoren und erhalten:

$$44.950 = 31 \times 29 \times 5 \times 5 \times 2$$

Theoretisch könnten beide Kinder oder auch nur eins der beiden ein Jahr alt sein, deshalb nehmen wir die 1 noch zweimal als Faktor mit auf:

$$44.950 = 31 \times 29 \times 5 \times 5 \times 2 \times 1 \times 1$$

Weil sich das Alter der Eltern um zwei Jahre unterscheidet, kommen für die beiden nur 31 und 29 infrage. Mit anderen Kombinationen ist dieser Altersunterschied nicht möglich.

Bleibt noch $5 \times 5 \times 2 \times 1 \times 1$ für das Produkt der Alterszahlen der Kinder. Theoretisch möglich sind 25 und 2, 10 und 2 sowie 50 und 1. Wegen des Alters der Eltern (31 und 29) bleiben als Lösung aber nur 10 und 5 Jahre.

59) Welche Zahl fehlt?

Anstelle des Fragezeichens muss eine 6 stehen.

Die Zahlen in den dunklen Kästchen in der Mitte des Kreuzes werden aus den Zahlen berechnet, die in den benachbarten hellen Kästchen stehen.

Wie die Berechnung funktioniert, soll am Beispiel der Zahl 4 im dunklen Kästchen links oben erläutert werden. Sie multiplizieren die beiden Felder miteinander, die diagonal an einer Ecke mit unserer 4 benachbart sind. Hier sind sie dunkel umkreist: also 1 × 9 = 9. Davon subtrahieren Sie die Summe der zwei äußeren Felder (hell umkreist), die eine gemeinsame Kante mit unserer 4 haben – also 2 + 3 = 5.

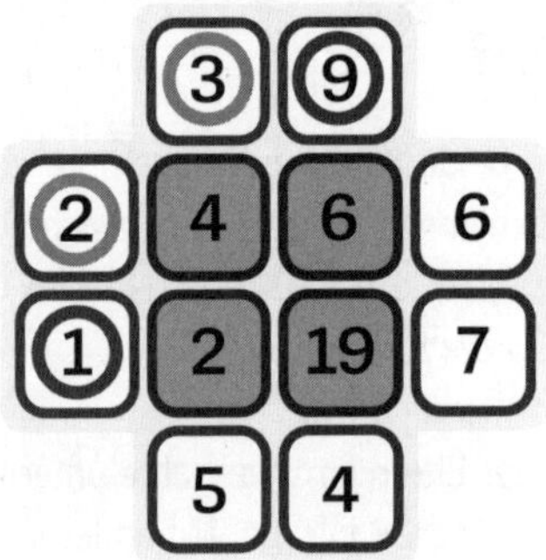

Die gesamte Rechnung lautet daher (1 × 9) – (2 + 3) = 9 – 5 = 4.

Nach der gleichen Methode erhält man für das Fragezeichenfeld rechts neben der 4:

(3 × 7) – (9 + 6) = 21 – 15 = 6.

60) Der Taschenrechner spinnt!

6 + 2 = 47

Wenn Sie sich die Resultate des Rechners genauer anschauen, merken Sie irgendwann, dass tatsächlich ein System dahintersteckt.

$$8 + 3 = 510$$
$$9 + 1 = 89$$
$$18 + 7 = 1.124$$
$$12 + 4 = 815$$
$$6 + 2 = ?$$

Aus den beiden Zahlen links – nehmen wir das Beispiel 8 und 3 – werden zwei Zahlen berechnet. Diese beiden Zahlen schreibt man einfach hintereinander und erhält das Ergebnis.
Zuerst rechnen wir die Differenz der beiden Zahlen aus, also:
$8-3=5$
Danach die Summe, von der wir aber noch 1 abziehen:
$8+3-1=10$
Hintereinander geschrieben wird aus 5 und 10 die Lösung 510. Bei $6+2$ erhalten wir $6-2=4$ sowie $6+2-1=7$ und damit das Ergebnis 47.

61) Teilbar durch 45?

Es sind 40.320.

Wir suchen neunstellige Zahlen mit dem Teiler 45. 45 ist das Produkt der Primzahlen 3, 3 und 5. Das bedeutet: Ist eine Zahl durch 45 teilbar, dann muss sie auch durch 5 und 9 ($=3 \times 3$) teilbar sein.
Umgekehrt gilt: Ist eine Zahl zugleich durch 5 und 9 teilbar, muss sie auch durch 45 teilbar sein. Warum ist das so? Zerlegen wir die Zahl in ihre Primfaktoren, so müssen sowohl 3×3 als auch 5 als Faktoren

in der Zerlegung auftauchen. $3 \times 3 \times 5$ ergibt genau 45, und daher ist auch 45 ein Teiler dieser Zahl.

Wann aber ist eine Zahl durch 5 teilbar, wann durch 9?

Bei der 5 ist es einfach: Die Zahl muss entweder auf 5 oder 0 enden. Laut der Aufgabenstellung kommt die Ziffer 0 aber gar nicht darin vor. Also lautet die letzte Ziffer 5.
Ob eine natürliche Zahl durch 9 teilbar ist, lässt sich leicht über die Quersumme herausfinden. Ist diese durch 9 teilbar, dann gilt das auch für die Zahl selbst. Um die Quersumme einer Zahl zu berechnen, addiert man einfach alle ihre Ziffern. Beispiel: 288. Die Quersumme beträgt $2+8+8=18$.
Im Fall unserer neunstelligen Zahl lautet die Quersumme $1+2+3+\ldots+9=45$. Das Ergebnis 45 ist durch 9 teilbar. Daher ist auch jede beliebige neunstellige Zahl, welche jede der Ziffern 1, 2, 3 … 9 genau einmal enthält, durch 9 teilbar.
Fassen wir zusammen: Sofern an letzter Stelle eine 5 steht, ist jede denkbare neunstellige Zahl, die jede der Ziffern 1, 2, 3 … 9 genau einmal enthält, durch 45 teilbar. Wir müssen nur noch herausfinden, wie viele verschiedene solche Zahlen es gibt.

Es sind genau $8 \times 7 \times 6 \times 5 \times 4 \times 3 \times 2 \times 1 = 40.320$. Denn an der ersten Stelle der Zahl kann ich aus 8 verschiedenen Ziffern auswählen, an der zweiten aus 7 (weil eine Ziffer ja schon ganz vorn steht), an der dritten aus 6 und so weiter.
Mathematiker nennen ein solches Produkt übrigens Fakultät und kennzeichnen es mit einem Ausrufezeichen:
$8! = 1 \times 2 \times 3 \times 4 \times 5 \times 6 \times 7 \times 8$

62) Jonglieren mit Potenzen

Lösungen

Die Zahl endet auf 5.

Der Trick besteht darin, dass Sie nur auf die Einerstellen der fünf Zahlen schauen müssen. Allein die sechsten Potenzen der Einerstellen entscheiden darüber, auf welche Ziffer die fünf Potenzen enden.

Warum das so ist? Das wird sofort klar, sobald man die zu potenzierende Zahl in ihren Einer und ein verbleibendes Vielfaches von 10 aufspaltet.
Beispiel 111^6: Wir schreiben stattdessen $(110+1)^6$. Man kann dies allgemein als binomische Formel notieren in der Form $(a+b)^6$. Das können wir ausrechnen. Lassen Sie sich nicht vom komplizierten Ergebnis irritieren, die Formel wird nicht weiter benötigt:

$$(a+b)^6 = a^6 + 6a^5b + 15a^4b^2 + 20\,a^3b^3 + 15\,a^2b^4 + 6ab^5 + b^6$$

Weil in der Zahl a der Faktor 10 drinsteckt ($a = 110 = 10 \times 11$), sind alle Summanden rechts des Gleichheitszeichens bis auf b^6 Vielfache von 10, denn überall steckt mindestens a als Faktor drin. Einzige Ausnahme ist b^6. Und deshalb entscheidet allein b darüber, auf welche Ziffer $(a+b)^6$ endet (wenn a ein Vielfaches von 10 ist).
Wir können die Aufgabe deshalb auch wie folgt formulieren:
Auf welche Ziffer endet die Zahl $1^6 + 2^6 + 3^6 + 4^6 + 5^6$?

Das ist schon viel einfacher.

Bei 1^6 ist es 1.
Bei 2^6 multipliziere ich $2^2 \times 2^2 \times 2^2 = 4 \times 4 \times 4 = 64$ und komme auf 4.

Nun zu 3^6. Hier erhält man $3^2 \times 3^2 \times 3^2 = 9 \times 9 \times 9 = 81 \times 9$. Die letzte Ziffer davon ist eine 9.

Auf diese Weise finden wir auch heraus, dass die letzte Ziffer von 4^6 eine 6 ist und die von 5^6 eine 5.

Die Summe endet dann wie die Summe $1 + 4 + 9 + 6 + 5 = 25$, und zwar auf 5. Das ist auch die gesuchte Lösung.

Wer noch mal genau nachrechnen möchte:

$111^6 = 1.870.414.552.161$
$222^6 = 119.706.531.338.304$
$333^6 = 1.363.532.208.525.369$
$444^6 = 7.661.218.005.651.456$
$555^6 = 29.225.227.377.515.625$

Addiert man die fünf Zahlen, erhält man 38.371.554.537.582.915 – und diese Zahl endet also tatsächlich auf 5!

63) Forty + ten + ten = sixty

```
 forty
  +ten
  +ten
=sixty

 29786
  +850
  +850
=31486
```

Zuerst erkennt man in der Spalte ganz rechts, dass der Buchstabe n nur 0 oder 5 sein kann. Doch in der Spalte links daneben muss ebenfalls gelten e = 0 oder e = 5. Weil es in dieser Spalte von der Spalte rechts keinen Übertrag gibt, muss gelten n = 0 und t = 5.
Nun zu den vorderen Spalten. In den Spalten 1 und 2 muss es Überträge aus den Spalten rechts daneben geben, damit aus dem o ein i wird und aus dem f ein s.
In die Addition in Spalte 2 fließt der Übertrag der dritten Spalte ein, der nur 1 oder 2 sein kann. Der Buchstabe o muss dementsprechend 8 oder 9 sein. i kann allerdings nicht 0 sein, denn diese Ziffer ist schon vergeben. Daher bleibt als einzige Option nur o = 9, i = 1 und ein Übertrag von 2.
Nun suchen wir noch Lösungen für die erste und dritte Spalte. Es muss gelten:

$$f + 1 = s$$
$$r + 2t + 1 = 20 + x$$

Probiert man alle möglichen Zahlenkombinationen durch, bleibt nur eine Lösung übrig: f = 2, s = 3, r = 7, t = 8 und x = 4.
Für y ist nur noch eine Ziffer übrig – die 6.

64) Finden Sie die passende Zahl

Notiert haben die vier entweder 370, 740 oder 814.

Die Aufgabe erscheint erst einmal unübersichtlich – alle denkbaren Varianten einzeln durchzuprüfen, könnte ein Weilchen dauern. Aber wenn wir uns die Aussagen der vier Personen genauer anschauen, können wir einige Fälle ausschließen und kommen schnell voran. Wir beginnen mit Agneta, also den Aussagen A1 und A2:

A1: Die Zahl ist dreistellig.
A2: Das Produkt aller Ziffern ist 23.

A2 kann nicht stimmen, weil 23 eine Primzahl ist und deshalb 23 als Ziffer in der gesuchten Zahl auftauchen müsste. Das geht jedoch nicht, denn es existieren in unserem Dezimalsystem nur Ziffern von 0 bis 9. Also muss Aussage A1 stimmen – die Zahl ist dreistellig.

Weiter geht es mit Bert.

B1: Die Zahl ist durch 37 teilbar.
B2: Die Zahl besteht aus drei gleichen Ziffern.

Wir prüfen, ob seine zweite Aussage (B2) zutreffen kann, also ob die Zahl aus drei gleichen Ziffern bestehen kann. Passt das zu dem, was Clara gesagt hat?

C1: Die Zahl ist durch 11 teilbar.
C2: Die Zahl endet mit null.

Wenn B2 und zugleich C2 wahr wären, müsste die Zahl aus drei Nullen bestehen, was natürlich nicht geht. Wären stattdessen B2 und C1 wahr, würde unsere gesuchte Zahl aus drei gleichen Ziffern bestehen und zugleich durch 11 teilbar sein. Aber eine solche Zahl gibt es nicht, wie man leicht überprüfen kann. Denn 110, 220, 330 und so weiter sind Vielfache von 11, nicht aber 111, 222, 333 und so weiter.

Aus alldem folgt: B2 passt weder zu C1 noch zu C2, ist also falsch. B1 ist wahr. Wir suchen also eine dreistellige Zahl, die durch 37 teilbar ist und zudem entweder durch 11 teilbar ist (C1) oder auf null endet (C2).

Im ersten Fall sind als Lösungen $11 \times 37 = 407$ oder $2 \times 11 \times 37 = 814$ möglich. Im zweiten Fall kommt man auf 370 oder 740.

Es fehlen nur noch die Aussagen von Dennis:

D1: Die Quersumme ist größer als 10.
D2: Die Ziffer der Hunderterstelle ist weder die größte noch die kleinste der Ziffern.

Sofern D1 wahr ist und D2 falsch, passen nur 740 und 814 zu den Aussagen. In beiden Fällen ist die erste auch die größte der drei Ziffern.

Ist hingegen D1 falsch und D2 richtig, kommt nur 370 infrage. 407 ist keine Lösung, weil für diese Zahl D1 und D2 zugleich wahr sind, was laut Aufgabenstellung aber nicht der Fall sein darf.

Fazit: Es gibt keine eindeutige Lösung. Auf dem Zettel stand entweder 370, 740 oder 814.

65) Wenn Ziffern die Plätze tauschen

Es gibt keine Lösung!

Das zu beweisen, ist nicht besonders kompliziert. Wenn es eine Lösung n gäbe, könnte sie auf keinen Fall einstellig sein, die Zahl muss vielmehr mindestens zwei Ziffern haben.
Schauen wir uns nun die erste Ziffer von n genauer an: Dabei muss es sich zwingend um eine 1 handeln. Steht ganz vorn nämlich eine 2 oder eine größere Ziffer, würde das Ergebnis der Multiplikation

mit 6 ein Produkt ergeben, das eine Stelle mehr hat als n. Beispiel: $21 \times 6 = 126$.
Ausgangszahl n und das Produkt $6 \times n$ müssen aber zwingend die gleiche Stellenzahl haben. Nur dann kann $6 \times n$ die gleichen Ziffern wie n enthalten, aber in umgekehrter Reihenfolge.
Wenn die Zahl n aber mit 1 beginnt, muss die Zahl $6 \times n$ auf 1 enden, denn die Ziffern treten ja in umgekehrter Reihenfolge auf. $6 \times n$ wäre dann eine ungerade Zahl, weil sie auf 1 endet.
Da in $6 \times n = 2 \times 3 \times n$ der Faktor 2 steckt, müsste $6 \times n$ aber auch eine gerade Zahl sein. Gerade und ungerade zugleich? Das geht natürlich nicht. Daher gibt es keine Lösung für die Aufgabe.

Die Aufgabe stammt übrigens von der ersten Mathematikolympiade der DDR im Jahr 1961. Gestellt wurde sie Schülern der Klassenstufe 11, die es bis in die dritte von vier Runden des Mathewettbewerbs geschafft hatten – die Bezirksstufe.

66) Magie mit Zahlen

Die ersten beiden Magier liegen richtig, die 73 und 13.837 als Teiler nennen. Die Antwort des Zauberers Nummer drei, 83 sei ein Teiler, stimmt hingegen nicht.

Wir wählen eine beliebige zweistellige Zahl a aus und schreiben sie viermal hintereinander. Ergebnis ist eine achtstellige Zahl. Ist a zum Beispiel 17, lautet das Ergebnis 17171717 – oder in der besser lesbaren Version 17.171.717. Wir können diese Zahl auch als Summe von vier Zahlen schreiben:

$$
\begin{array}{r}
17 \\
+\ 1.700 \\
+\ 170.000 \\
+17.000.000 \\
=17.171.717
\end{array}
$$

Diese vier Summanden entsprechen einer Multiplikation der Zahl 17 mit 1, 100, 10.000 beziehungsweise 1.000.000. Wir können daher auch schreiben:

$$17.171.717 = 1 \times 17 + 100 \times 17 + 10.000 \times 17 + 1.000.000 \times 17$$

Allgemein gilt für eine zweistellige Zahl a:

$$\text{Achtstellige Zahl} = 1 \times a + 100 \times a + 10.000 \times a + 1.000.000 \times a$$

Wenn wir a ausklammern, erhalten wir:

$$\text{Achtstellige Zahl} = a \times (1 + 100 + 10.000 + 1.000.000)$$
$$\text{Achtstellige Zahl} = a \times 1.010.101$$

Interessant ist der Faktor 1.010.101. Wenn dieser durch 73 teilbar ist, muss auch die achtstellige Zahl durch 73 teilbar sein. Und das ist tatsächlich der Fall, denn 1.010.101 = 73 × 13.837. Den zweiten Faktor kennen wir auch schon. Also haben erster und zweiter Zauberer auf jeden Fall recht.
1.010.101 ist jedoch nicht durch 83 teilbar, weshalb Magier Nummer drei falsch liegt.

Übrigens: Wer alle Teiler von 1.010.101 finden möchte, muss die Zahl in sämtliche Primfaktoren zerlegen. Dabei helfen Webseiten – das Ergebnis lautet:

$1.010.101 = 73 \times 101 \times 137$

101×137 ergibt 13.837, weitere Teiler von 10.101.01 sind $101 \times 73 = 7.373$ sowie $73 \times 137 = 10.001$. Auch diese beiden Zahlen könnten die Magier dem verdutzten Zuschauer nennen – ebenso wie die Primfaktoren 101 und 137.

67) Verrückte Rechnerei

Das Ergebnis zuerst: $22 + 11 = 116$.

Wie kommt man darauf? Wenn Sie sich die Zahlen genauer anschauen, haben Sie eventuell bemerkt, dass das Ergebnis jeder »Addition« aus zwei Teilen besteht. Die erste oder die ersten beiden Ziffern des Ergebnisses (hier dunkel hinterlegt) entsprechen genau der Differenz der beiden Zahlen links. Im Fall von 22 und 11 lautet die Rechnung also $22 - 11 = 11$.

8 + 11 = 310
22 + 9 = 1313
43 + 56 = 1318
72 + 19 = 5319
8 + 6 = 214
22 + 11 = 116

Die übrigen Ziffern der Ergebniszahl ergeben sich aus einer etwas komplizierteren Kalkulation: Sie bilden die Quersumme der beiden Zahlen links und addieren diese. Im Fall von 22 und 11 addieren Sie also $2+2$ und $1+1$ und erhalten 6. So kommen Sie schließlich auf $22+11=116$.
Das war zugegebenermaßen ganz schön schwierig.

Lösungen

68) Euro und Cent verwechselt

Der Gewinn lag bei 31,63 Euro. Wegen des Fehlers des Kassiers hat Maria stattdessen 63,31 Euro bekommen und danach 5 Cent davon verschenkt. Übrig bleiben 63,26 Euro, was genau das Doppelte des Gewinns ist.

Es gibt verschiedene Lösungswege, auch geschicktes Probieren führt zum Ziel. Besonders elegant ist eine Lösung, die der Rätselerfinder Martin Gardner beschreibt und die wiederum auf Vorschläge seiner Leser zurückgeht.

Wir bezeichnen den Eurobetrag des Gewinns mit x und den Centbetrag mit y. Dann muss gelten:

$$2x \text{ Euro} + 2y \text{ Cent} = y \text{ Euro} + (x-5) \text{ Cent}$$

Das ist eine Gleichung mit zwei Unbekannten. Wir können sie trotzdem lösen, denn eigentlich stecken darin zwei Gleichungen: eine für den Eurobetrag und eine für den Centbetrag.
Solange y kleiner als 50 ist, gilt für die Eurobeträge:

$$2x = y$$

Das setzen wir in die Gleichung für die Centbeträge ein. Diese lautet:

$$2y = x - 5$$
$$4x = x - 5$$
$$3x = -5$$

Wir erhalten eine negative und noch dazu nicht ganzzahlige Lösung für x, was natürlich nicht geht. Also existiert für den Fall $y < 50$ keine Lösung.

Nun zum zweiten Fall: $y \geq 50$. In diesem Fall entspricht 2y mindestens einem Euro. Schauen wir uns die Eurowerte in der Gleichung ganz oben an, muss daher gelten:

$$2x + 1 = y$$

Dies setzen wir ein in die Gleichung für die Cents, wobei wir links 100 Cent abziehen müssen, die einem Euro entsprechen.

$$2y - 100 = x - 5$$
$$4x + 2 - 100 = x - 5$$
$$3x = 93$$
$$x = 31$$

Daraus folgt sofort $y = 63$. Der ursprüngliche Gewinn lag bei 31,63 Euro – ausgezahlt wurden jedoch 63,31 Euro.

69) Der Rest für die Schwester

6 Euro.

n ist der Preis für eine Figur und zugleich die Anzahl der Figuren. Wir können n schreiben als $n = 10a + b$, wobei a, b natürliche Zahlen sind und b einstellig ist. Wir werden gleich sehen, dass b bei dieser Aufgabe die entscheidende Rolle spielt.
Die gesamten Einnahmen der Brüder liegen bei $n \times n$ =

$$n^2 = (10a + b)^2$$

$$n^2 = 100a^2 + 20ab + b^2$$

Beim Aufteilen des Geldes hat sich herausgestellt, dass n^2 beim Teilen durch 20 einen Rest zwischen 10 und 20 lässt. Nur dann bekommt ein Bruder 10 Euro mehr als der andere und es bleibt ein Rest kleiner als 10 Euro übrig. Weil sowohl $100a^2$ als auch 20ab durch 20 teilbar sind, bestimmt allein b^2 über den Rest von n^2 beim Teilen durch 20.
Nun schauen wir uns an, für welche einstelligen b das Quadrat b^2 einen Rest größer als 10 und kleiner als 20 beim Teilen durch 20 hat. Dies trifft zu für $b = 4$ und $b = 6$, für alle anderen einstelligen Zahlen hingegen nicht. Der Rest von b^2 bei der Division durch 20 ist in beiden Fällen 16 – daher bekommt die Schwester 6 Euro.

70) Wie viele Mädchen sind in der Gastfamilie?

Christina liegt tatsächlich falsch, wenn sie von einer Wahrscheinlichkeit von 1/2 ausgeht. Die Wahrscheinlichkeit ist 1/3.

Um auf die richtige Lösung zu kommen, muss man sich überlegen, welche Geschwisterpaarungen grundsätzlich möglich sind. Steht M für Mädchen und J für Junge, gibt es bei zwei Geschwisterkindern vier Möglichkeiten: MM, MJ, JM, JJ.
Weil aber der Organisator versprochen hat, dass mindestens ein Mädchen dabei ist, ist der letzte Fall (zwei Jungen) ausgeschlossen. Damit bleiben die Möglichkeiten: MM, MJ und JM. Somit liegt Christinas Chance, in eine Familie mit zwei Mädchen zu kommen, bei 1/3. Ein Junge ist mit einer Wahrscheinlichkeit von 2/3 in der Gastfamilie.

Alternativ lässt sich der Fall auch mit dem Werfen zweier identischer Münzen vergleichen: Auf der einen Seite ist ein J aufgedruckt (für Junge), auf der anderen ein M (für Mädchen). Die Wahrscheinlichkeit für J und M beträgt jeweils 1/2.
Wenn wir zufällig ein Geschwisterpaar wählen, entspricht dies dem gleichzeitigen Wurf beider Münzen. Möglich sind auch hier die Kombinationen JJ, JM, MJ und MM. Jede dieser vier Varianten hat eine Wahrscheinlichkeit von 1/4.
Allerdings wissen wir, dass der Fall JJ ausgeschlossen ist, denn es soll ja mindestens ein Mädchen unter den Geschwistern sein. Dann sind nur die drei Fälle JM, MJ und MM möglich – und alle drei sind gleich wahrscheinlich. Aus Sicht von Christina mit einer Wahrscheinlichkeit von 1/3.

71) Agententraining

Es gibt zwei Agenten, deren Abstand kürzer ist als zwischen allen übrigen Agenten. Diese beiden beobachten sich gegenseitig. Beobachtet noch ein anderer Agent einen dieser beiden, würde eine Person von zwei anderen beobachtet – und dann müsste es mindestens eine Person geben, die unbeobachtet ist (damit wäre die Existenz einer unbeobachteten Person bewiesen).
Hat die beiden Agenten mit dem kürzesten Abstand jedoch niemand im Blick, können wir sie aus der Gruppe streichen. Die Zahl der Agenten sinkt um zwei und bleibt ungerade.
Nun wiederholen wir die Überlegungen. Eine ungerade Anzahl von Personen steht auf dem Platz, es gibt ein Paar mit dem kürzesten Abstand, die beiden haben sich gegenseitig im Blick. Entweder wird eine Person davon von einem dritten Agenten beobachtet (damit wäre die Existenz einer unbeobachteten Person bewiesen) – oder wir können die nächsten zwei Agenten aus der Gruppe streichen.
Dieses Verfahren wiederholen wir so lange, bis wir entweder auf ein Paar stoßen, bei dem eine Person von zwei Agenten beäugt wird, oder bis die zu untersuchende Gruppe nur noch aus drei Agenten besteht.
Bei nur noch drei Agenten gibt es darunter ein Paar, das sich gegenseitig im Blick hat. Die verbleibende dritte Person ist dann zwingend unbeobachtet.

Wir finden also immer eine Person, die niemand im Blick hat.

72) Das größte Tischtennisturnier der Welt

Natürlich könnte man die Anzahl der Spiele pro Runde ausrechnen. In der ersten Runde sind es 555.555 Spiele, ein Teilnehmer kommt kampflos weiter. In Runde zwei gibt es dann noch 555.556 Spieler, was 277.778 Partien entspricht. In der nächsten Runde sind es 138.889 Spiele und so weiter und so fort. So kommen Sie am Ende auf das Ergebnis, aber der Weg dahin ist mühsam und fehlerträchtig. Zum Glück gibt es eine viel elegantere Lösung – ganz ohne aufwendige Kalkulationen. Es genügt, sich auf die Ausgeschiedenen zu konzentrieren. Von den 1.111.111 Spielern haben am Ende des Turniers exakt 1.111.110 jeweils genau eine Partie verloren. Und jedes Spiel hat genau einen Verlierer. Deshalb werden auf dem Mammut-Turnier 1.111.110 Partien gespielt.

73) Russisches Roulette für Fortgeschrittene

Es ist besser, die Trommel nicht noch einmal zu drehen.

Wir berechnen die Wahrscheinlichkeit dafür, dass sich eine Patrone hinterm Lauf befindet. Beginnen wir mit dem einfacheren zweiten Fall – der Gangsterboss dreht die Trommel vorm zweiten Abdrücken noch mal. Die Wahrscheinlichkeit für einen Schuss beträgt dann 1/3, denn in 2 der 6 Kammern befinden sich Patronen.
Wird die Trommel vorm zweiten Abdrücken nicht gedreht, gestaltet sich die Berechnung etwas anders. Weil beim ersten Versuch kein Schuss gefallen ist, befand sich vor dem ersten Abdrücken eine der vier leeren Kammern hinter dem Lauf. In der Zeichnung links sind diese schwarz gefüllt.

Mögliche Position nach dem ersten Abdrücken (kein Schuss)

Quote: 1 zu 4

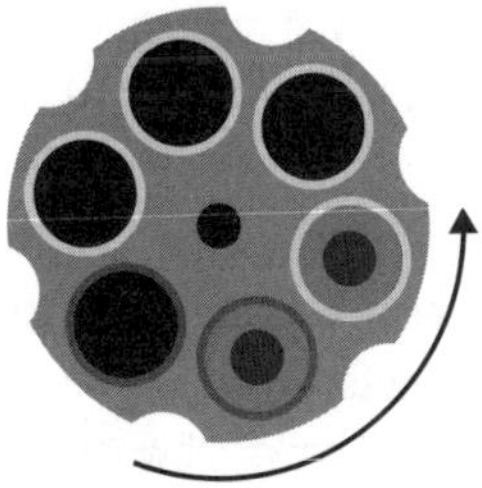

Mögliche Positionen nach dem erneutem Dreh

Quote: 2 zu 6 = 1 zu 3

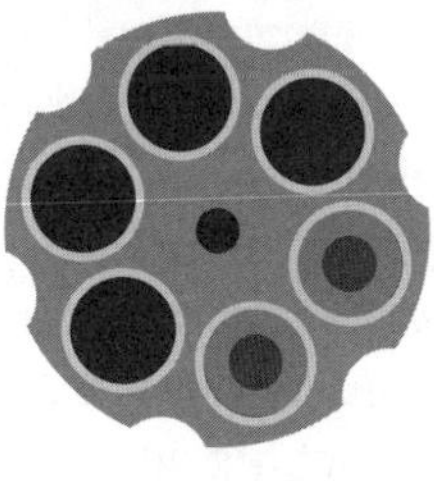

Nach dem Abdrücken dreht sich die Trommel um eine Sechstelrunde weiter. Wir nehmen an, dies geschieht gegen den Uhrzeigersinn. Die Trommel kann aber auch im Uhrzeigersinn drehen, das Ergebnis ändert sich dadurch nicht.

Was passiert? In drei der vier Fälle folgt auf die leere Kammer wieder eine leere Kammer – in einem Fall aber steckt eine Patrone drin. Die vier infrage kommenden Kammern sind hell umrandet (Zeichnung links). Die Wahrscheinlichkeit für einen Schuss liegt also bei 1/4, im anderen Fall lag sie bei 1/3. Deshalb lautet die richtige Antwort an den Gangster: Er soll gleich noch mal abdrücken. Denn dann sind die Chancen auf eine leere Kammer größer.

74) Wer verlor das zweite Spiel?

Alex ist der Verlierer des zweiten Spiels.

Die Aufgabe erscheint auf den ersten Blick kaum lösbar. Schließlich sind ziemlich viele Kombinationen denkbar, die man alle einzeln untersuchen müsste. Doch wenn man sich die Sache genauer anschaut, merkt man schnell, dass die Lösung gar nicht so kompliziert ist.

Wir verschaffen uns erst einmal einen Überblick über das kleine Turnier. Alex kommt auf 10, Brit auf 15 und Clea auf 17 Spiele. Das sind zusammen $10+15+17=42$ Spiele. Weil an jedem Spiel genau zwei Personen beteiligt sind, gab es tatsächlich nur $42/2=21$ Spiele.

Wegen des besonderen Spielmodus kann ein Spieler höchstens jedes zweite Spiel aussetzen – und zwar dann, wenn er jedes Spiel verliert. Denn nach dem Aussetzen ist er ja sofort wieder dran.

Alex kommt laut Aufgabe auf lediglich 10 Spiele, obwohl es insgesamt 21 gab. Das ist nur möglich, wenn er beim ersten Match nicht dabei war.

Hätte Alex nämlich das erste Spiel bestritten und außerdem alle seine Spiele verloren, wäre er bei den Spielen 1, 3, 5, 7, 9, 11, 13, 15, 17, 19, 21 dabei gewesen. Das ergäbe insgesamt 11 Spiele und damit eins zu viel!

Das erste Spiel haben demnach Brit und Clea bestritten. Alex muss dann beim zweiten Spiel gegen den Gewinner des ersten Matches angetreten sein und dieses sowie auch jedes weitere seiner 9 Spiele verloren haben. Er kann das zweite Spiel nicht gewonnen haben, weil er dann auf mindestens 11 Spiele gekommen wäre (2, 3, 5, 7, 9, 11, 13, 15, 17, 19, 21).

Alex hat also die Spiele mit den Nummern 2, 4, 6, 8, 10, 12, 14, 16, 18, 20 gespielt und verloren.

75) Wer macht das Rennen?

Läufer 2 gewinnt.

Beide Läufer beginnen langsam gehend und sind zunächst gleichauf. Doch dann, noch bevor die Mitte der Strecke erreicht ist, beschleu-

nigt Läufer 2. Denn er geht ja genauso lange langsam, wie er schnell rennt. Das klappt nur, wenn die schnell gelaufene Strecke länger ist als die langsam gegangene. Läufer 1 hingegen bleibt die ganze erste Streckenhälfte beim langsamen Tempo und verliert deshalb das Duell.
Vorgeschlagen hat dieses Rätsel Patrick Weidhaas. Er hat es im Magazin »Parade« in einem Text von Marilyn vos Savant entdeckt, die es wegen ihres außerordentlich hohen Intelligenzquotienten bis ins Guinnessbuch der Rekorde geschafft hat.

76) Verlierer beim Schachturnier

Insgesamt werden 15 Punkte vergeben, macht im Schnitt 2,5 pro Spieler. Eine Minimalzahl von 1,5 ist ausgeschlossen, weil die Punktesumme dann insgesamt zu groß wird. Denn jeder weiter vorn Platzierte muss mindestens einen halben Punkt mehr haben als der hinter ihm liegende Spieler. Wie sortieren die Spieler nach aufsteigender Punktzahl:

1,5 – 2 – 2,5 – 3 – 3,5 – 4 – das würde eine Summe von 16,5 ergeben! Es dürfen aber nur 15 sein.

Doch mit 1 funktioniert es. Eine mögliche Lösung ist

1 – 1,5 – 2 – 2,5 – 3,5

Hier die dazugehörige Tabelle der Spiele, angegeben ist jeweils der Sieger einer Begegnung, R steht für Remis:

	1 2 3 4 5 6	Punkte
1	X 1 1 1 1 1	5
2	1 X 2 2 2 6	3
3	1 2 X 3 R 3	2,5
4	1 2 3 X 4 4	2
5	1 2 R 4 X 5	1,5
6	1 6 3 4 5 X	1

77) Streit unter Lottospielern

Auf den ersten Blick scheint Sabine recht zu haben. Bei 6 aus 49 tippt man sechs Zahlen von 1 bis 49 und als Superzahl eine weitere von 0 bis 9. Bei 7 aus 49 wählt man im Grunde ebenfalls sechs Zahlen aus und noch eine weitere, die Zahl Nummer 7. Für diese gibt es allerdings nicht nur zehn Möglichkeiten wie bei der Superzahl, sondern $49-6=43$. Mehr Möglichkeiten heißt aber auch, dass die Wahrscheinlichkeit für einen Hauptgewinn sinkt.
Doch diese Überlegung stimmt nicht. In Wahrheit hat Max recht. Bei 7 aus 49 sind die Gewinnchancen größer. Das zeigt die folgende Kalkulation, mit der wir die Anzahl der unterschiedlichen Kombinationen in beiden Fällen berechnen:

Bei 6 aus 49 gibt es bei der ersten Kugel 49 Möglichkeiten, bei der zweiten 48, bei der dritten 47 und so weiter. Wir kommen deshalb auf insgesamt $49 \times 48 \times 47 \times 46 \times 45 \times 44$ verschiedene Varianten der Ziehung. Wobei bei dieser Rechnung dieselben Zahlen in unterschiedlicher Reihenfolge als verschiedene Varianten gezählt werden – man spricht auch von Permutationen.
Wenn wir das Produkt $49 \times 48 \times 47 \times 46 \times 45 \times 44$ nun noch durch $1 \times 2 \times 3 \times 4 \times 5 \times 6$ teilen, erhalten wir die eigentlich gesuchte Zahl

der Kombinationen ohne Vertauschungen – das Ergebnis lautet 13.983.816. Weil bei der Superzahl 10 verschiedene Varianten möglich sind, kommt man auf insgesamt 13.983.816 × 10 = 139.838.160 Kombinationen. Die Wahrscheinlichkeit, dass ein bestimmter Tipp so auch gezogen wird, ist dann 1/139.838.160.

Die Kombinationen bei 7 aus 49 werden analog dazu berechnet:

$$\frac{49 \times 48 \times 47 \times 46 \times 45 \times 44 \times 43}{1 \times 2 \times 3 \times 4 \times 5 \times 6 \times 7}$$

Das Ergebnis von 85.900.584 ist allerdings kleiner als die fast 140 Millionen Kombinationen bei 6 aus 49 mit Superzahl. Daher sind die Gewinnchancen bei 7 aus 49 größer – und Max hat recht.

78) Feiert schön!

Die Sache scheint nicht ganz einfach zu sein. Denn um die Wahrscheinlichkeit zu berechnen, müssten wir alle denkbaren Kombinationen berücksichtigen.

Zum einen könnten genau zwei Spieler denselben Geburtstag haben. Es ist aber auch möglich, dass es drei Spieler mit demselben Geburtstag gibt. Oder zwei Spielerpaare mit unterschiedlichen, aber paarweise identischen Geburtstagen. Sehr unwahrscheinlich, aber nicht ausgeschlossen, ist der Fall, dass alle 22 Spieler am selben Tag feiern. All diese Varianten einzeln zu betrachten, ist kaum möglich. Doch es gibt einen Trick, der in der Wahrscheinlichkeitsrechnung häufig weiterhilft. Wir berechnen einfach die Wahrscheinlichkeit des Gegenteils. Also dass alle 22 Spieler an unterschiedlichen Tagen Geburtstag feiern. Wenn wir diese Zahl von 100 Prozent abziehen, haben wir die gesuchte Zahl.

Die Formel dafür ist nicht allzu schwierig. Um Fehler zu vermeiden, macht man die Rechnung aber am besten in einer Tabellenkalkulation.
Wir nummerieren die Spieler von 1 bis 22 durch und fangen mit dem ersten Spieler an. Er hat an irgendeinem der 365 Tage des Jahres Geburtstag. Für den zweiten Spieler bleiben dann noch 364 Tage übrig – er soll ja nicht am selben Tag wie Spieler eins feiern. Die Wahrscheinlichkeit, dass die zwei Geburtstage nicht identisch sind, ist deshalb 364/365.
Weiter in der Rechnung: Für Spieler drei gibt es 363 mögliche Tage. Die Wahrscheinlichkeit, dass die drei Geburtstage nicht identisch sind, beträgt daher $\frac{364}{365} \times \frac{363}{365}$.

Und so geht es immer weiter. Bei Nummer vier sind 362 Tage möglich – und für Spieler 22 schließlich stehen immer noch 365 – 21 = 344 Tage zur Verfügung, an denen er Geburtstag haben kann, ohne dass es eine Dopplung mit einem der anderen 21 Kollegen gibt.
Die Wahrscheinlichkeit p, dass alle 22 Spieler an unterschiedlichen Tagen Geburtstag haben, ist deshalb:

$$p = \frac{364}{365} \times \frac{363}{365} \times \frac{362}{365} \times \ldots \times \frac{344}{365}$$

$$p = 52{,}4 \text{ Prozent}$$

Dies bedeutet, dass mit einer Wahrscheinlichkeit von immerhin 47,6 Prozent unter 22 Spielern zwei sind, die am selben Tag ihren Geburtstag feiern. Insofern war das Spiel Deutschland gegen Nordirland mathematisch doch kein Kuriosum. Dopplungen bei Geburtstagen sind ziemlich häufig, es sollte sie etwa in jedem zweiten Spiel geben.
Berücksichtigt man auch noch den Schiedsrichter, geht also von 23 Personen auf dem Rasen aus, steigt die Wahrscheinlichkeit für min-

destens einen doppelten Geburtstag sogar auf über 50 Prozent. Weil diese Zahl so überraschend groß ist, wird das Phänomen auch als Geburtstagsparadoxon bezeichnet. Viele halten die Wahrscheinlichkeit doppelter Geburtstage – aus dem Bauch heraus – nämlich für viel kleiner.

79) Zehn misstrauische Räuber

Man benötigt 120 verschiedene Schlösser mit je sieben Schlüsseln – also insgesamt 840 Schlüssel.

Laut Aufgabenstellung dürfen drei zufällig ausgewählte Räuber die Truhe nicht aufkriegen. Das gelingt, wenn es ein Schloss gibt, für das keiner der drei Räuber einen Schlüssel hat. Für dieses Schloss müssen aber alle sieben anderen abwesenden Räuber den passenden Schlüssel besitzen. Stößt einer von diesen sieben Räubern zu den anderen drei, lässt sich das Schloss auf jeden Fall öffnen.
Wir brauchen also für jede mögliche Kombination aus drei Räubern ein extra Schloss und dafür sieben Schlüssel, die unter den sieben nicht anwesenden Räubern verteilt werden.
Jetzt kommt die Kombinatorik ins Spiel: Wie viele Möglichkeiten gibt es, drei Räuber aus zehn auszuwählen? Diese Zahl entspricht genau der Anzahl der benötigten Schlösser.

Die Lösung lautet 10 über 3 = $10!/(3! \times 7!) = 120$ und wird auch Binomialkoeffizient genannt.

Wir können diese Zahl auch direkt ausrechnen. Wir bezeichnen die zehn Räuber mit 1, 2, 3 ... 9, 10. Es gibt $10 \times 9 \times 8 = 720$ Varianten, drei natürliche Zahlen im Bereich von 1 bis 10 auszuwählen.

Diese Auswahl enthält aber noch Vertauschungen (Permutationen). Beispielsweise gelten 2,5,7 und 5,2,7 noch als unterschiedliche Varianten.
Das darf natürlich nicht sein. Deshalb teilen wir die 720 durch die Zahl möglicher Vertauschungen von drei Zahlen und kommen auf $720/3\times = 120$.
Für jedes der 120 Schlösser werden genau sieben Schlüssel benötigt. Also gibt es insgesamt $7 \times 120 = 840$ Schlüssel. Jeder der zehn Ganoven bekommt 84 Schlüssel.
Das sind ziemlich viele – und auch eine Truhe mit 120 Vorhängeschlössern erscheint unrealistisch. Aber wenn die Räuber einander so misstrauen, haben sie keine andere Wahl.

80) Apfelkisten gerecht aufteilen

Die Summe der Äpfel aus zwei zufällig ausgewählten Kisten ist mindestens 3 (1 + 2) und maximal 59 (29 + 30). Besonders viele Varianten gibt es, wenn die Summe der Äpfel aus zwei Kisten 31 beträgt. Dann existieren 15 verschiedene Kombinationen, wobei darin jede Anzahl von 1 bis 30 genau einmal vorkommt:

30 + 1, 29 + 2, 28 + 3, 27 + 4, 26 + 5, 25 + 6, 24 + 7, 23 + 8,
22 + 9, 21 + 10, 20 + 11, 19 + 12, 18 + 13, 17 + 14, 16 + 15

Allerdings sind nicht alle 30 Anzahlen vertreten, denn im Lager stehen ja nur 20 Kisten. Daher müssen wir 10 der 15 oben notierten Kombinationen streichen. Übrig bleiben dann aber auf jeden Fall 5 verschiedene Kombinationen. Um das Rätsel zu lösen, reichen 4 solche Paare aus. Dann bekommen Sesam und Bert je 2 Kombinationen und haben dann jeweils 62 Äpfel.

81) Zwei Radfahrer auf der Brücke

Die Radfahrer waren 14 km/h schnell.

Als das Auto auf die Brücke kommt, hat der erste Radfahrer 80 Meter hinter sich. Er braucht für die 20 Meter lange Strecke bis zum Ende der Brücke genauso lange wie das Auto für die gesamten 100 Meter. Seine Geschwindigkeit ist also 1/5 von 70 km/h, was 14 km/h entspricht.

82) Ist die Fähre noch zu schaffen?

Es sind unglaubliche 240 km/h, die der Familienvater im Durchschnitt fahren müsste.

Auf der ersten Hälfte der Strecke ist das Auto statt mit 120 nur mit 80 km/h unterwegs. Es braucht deshalb 50 Prozent mehr Zeit dafür als geplant. (Mit 80 km/h schafft der Wagen 120 Kilometer in 1,5 Stunden.) Diese 50 Prozent Zeit fehlen zwangsläufig auf der zweiten Streckenhälfte.
Das Auto muss dieses zweite Teilstück deshalb in der Hälfte der Zeit schaffen. Die Zielgeschwindigkeit ist also doppelt so hoch wie die geplanten 120 km/h.
Die Familie wird die Fähre also wahrscheinlich verpassen, denn 240 km/h ist natürlich eine absurd hohe Durchschnittsgeschwindigkeit.

Übrigens: Viele glauben, dass 160 km/h die richtige Antwort ist. Dieser Irrtum entsteht womöglich, weil man intuitiv mit der Fahrzeit statt mit der Fahrstrecke rechnet. Wer nach der Hälfte der geplanten Fahr-

zeit nämlich merkt, dass er statt mit 120 km/h nur mit 80 km/h unterwegs war, kann die zweite (Zeit-)Hälfte einfach mit 160 fahren und kommt tatsächlich pünktlich an. In der Aufgabe war aber von der Hälfte der Strecke die Rede.
Dass die simple Rechnung (erst 40 weniger, dann 40 drauf) nicht funktioniert, zeigt auch die folgende Betrachtung: Hätte der Autofahrer auf seinem Weg Richtung Nordsee auf der ersten Hälfte im Schnitt nur 60 km/h geschafft, wäre die gesamte vorgesehene Fahrzeit schon verbraucht gewesen. Denn halbe Geschwindigkeit bedeutet doppelte Zeit.

83) Wie viele Stufen hat die Rolltreppe?

Es sind nicht 75 Stufen, wie mancher vielleicht gedacht haben könnte, sondern 72.

Wenn Sie die Treppe hochgehen, addieren sich die gelaufenen Stufen und jene Stufen, welche die Rolltreppe währenddessen nach oben fährt. Nach unten ist es umgekehrt: Von den nach unten gelaufenen Stufen muss man jene abziehen, die die Treppe während des Laufens nach oben gefahren ist.
Wir nehmen an, dass die Rolltreppe in der Zeit, die Sie zum Laufen einer Stufe brauchen, s Stufen nach oben rollt (s muss keine ganze Zahl sein!). Daraus ergeben sich folgende zwei Gleichungen; die erste ist für den Weg nach oben, die zweite für den Weg nach unten:

$$\text{Gesamtstufenzahl} = 60 + 60 \times s$$

$$\text{Gesamtstufenzahl} = 90 - 90 \times s$$

Wir setzen nun die erste in die zweite Gleichung ein und erhalten:

$$60 + 60 \times s = 90 - 90 \times s$$

Daraus ergibt sich:

$$150 \times s = 30$$

und

$$s = \frac{1}{5}$$

Diesen Wert für s setzen wir in eine der beiden Gleichungen oben ein und erhalten die Gesamtstufenzahl von 72.

84) Zwei Ruderer und eine Mütze

Die Fließgeschwindigkeit beträgt 6 km/h.

Es gibt eine sehr elegante Lösung, auf die mich viele Leser hingewiesen haben. Die Mütze braucht 10 Minuten, um den geruderten einen Kilometer Strecke mit der Strömung zurückzutreiben. Und das entspricht 6 Kilometern in einer Stunde.
Die Aufgabe lässt sich aber auch ganz umständlich klassisch lösen mit einem genauen Blick auf die absolvierten Strecken. Wenn die Männer fünf Minuten rudern, legen sie mit der Strömung genau einen Kilometer mehr zurück als gegen die Strömung.
Die Fließgeschwindigkeit nennen wir f, die Rudergeschwindigkeit r.

Nach einem Kilometer verliert er die Mütze.

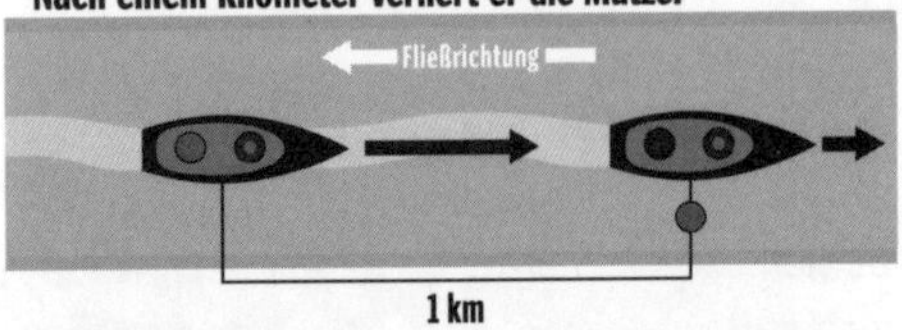

5 Minuten später kehren sie um ...

... und holen weitere 5 Minuten später die Mütze ein.

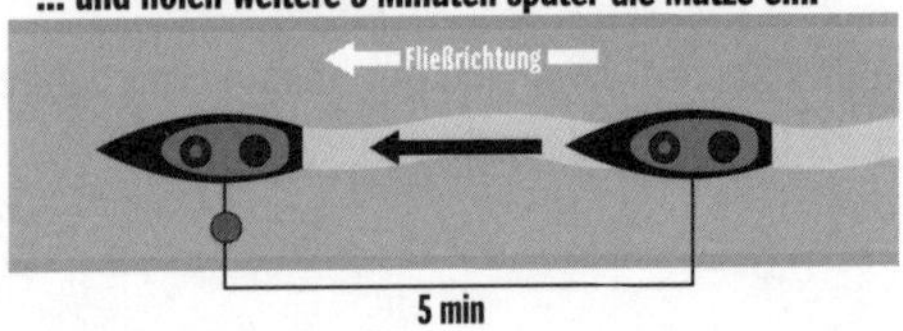

Flussabwärts addieren sich r und f zur effektiven Geschwindigkeit $r + f$. Gegen die Strömung ist das Boot gegenüber dem Ufer mit $r - f$ unterwegs. Der zurückgelegte Weg ist das Produkt aus Geschwindigkeit und Zeit. Dann muss folgende Gleichung gelten:

$$1\ \text{km} + (r - f) \times 5\ \text{min} = (r + f) \times 5\ \text{min}$$

Wir können auf beiden Seiten $r \times 5$ min abziehen – damit ist r aus der Gleichung eliminiert und es gibt mit f nur noch eine Unbekannte!

$$1\ \text{km} - f \times 5\ \text{min} = f \times 5\ \text{min}$$

Wir bringen $f \times 5$ min auf die rechte Seite:

$$1\ \text{km} = f \times 10\ \text{min}$$

Und sind fertig:

$$f = \frac{1}{10} km / min$$

Eine Geschwindigkeitsangabe in Kilometern pro Minute ist eher unüblich. Wir rechnen sie deshalb noch um: Eine Stunde hat 60 Minuten, daher entspricht eine Fließgeschwindigkeit von 1/10 km/min exakt 6 km/h.

85) Vom Winde verweht

Man könnte meinen, dass es genau der Mittelwert ist, also 35 Minuten. Aber das stimmt nicht. Die richtige Lösung lautet 34 Minuten und 17 Sekunden.

Wir rechnen die Geschwindigkeit der Radfahrerin bei Windstille aus. Dazu bilden wir den Mittelwert der Geschwindigkeiten von Hin- und Rückfahrt. Geschwindigkeit ist Weg dividiert durch Zeit.

$$\text{Hinfahrt: } \frac{15 \text{ km}}{30 \text{ min}} = 30 \text{ km/h}$$

$$\text{Rückfahrt: } \frac{15 \text{km}}{40 \text{min}} = 22{,}5 \text{ km/h}$$

$$\text{Mittelwert} = \frac{30+22{,}5}{2} \text{ km/h} = 26{,}25 \text{km/h}$$

Bei einer Geschwindigkeit von 26,25 km/h braucht die Frau für eine Strecke von 15 km eine Zeit von 15/26,25 Stunden, was 34 Minuten und 17 Sekunden entspricht.

86) Rundfahrt garantiert

Wir müssen zwei Fälle unterscheiden:

1) Jede Stadt ist mit jeder anderen durch eine Schnellstraße verbunden. Dann ist eine Rundreise durch vier beliebig ausgewählte Städte jederzeit möglich. Der Fall ist damit erledigt.

2) Nicht jede Stadt ist mit jeder anderen verbunden. Dann gibt es auf jeden Fall zwei Städte, zwischen denen keine direkte Schnellstraße existiert. Wir zeigen im Folgenden, dass diese beiden Städte – wir nennen sie A und B – Teil des gesuchten Rundkurses sind, der durch vier Städte führt.

A ist mit mindestens drei anderen Städten verbunden. B gehört nicht dazu, denn zwischen A und B existiert ja keine Schnellstraße. Diese drei mit A verbundenen Städte nennen wir C, D und E. Auch B ist mit mindestens drei Städten verbunden, A gehört nicht dazu – siehe folgende Zeichnung.

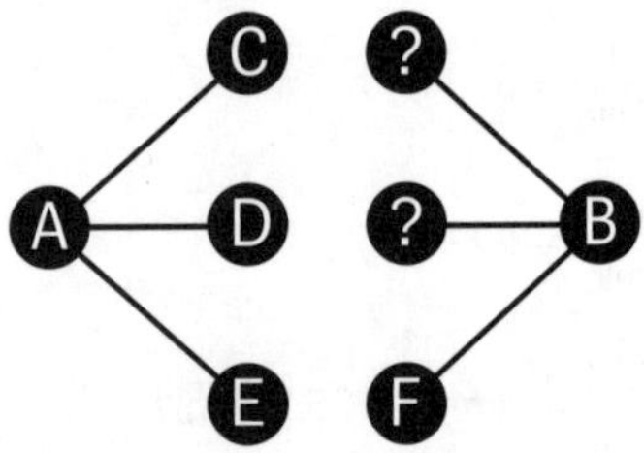

Insgesamt gibt es sechs Städte (A, B, C, D, E, F). B könnte also mit F verbunden sein, muss aber auch mit mindestens zwei der drei Städte C, D, E verbunden sein. Denn nur so kommt man auf die mindestens drei Schnellstraßen, die in B beginnen.

Wenn B mit zwei Städten verbunden ist, die auch von A direkt erreicht werden können, existiert der gesuchte Rundkurs.
Nehmen wir an, die beiden von B ausgehenden Schnellstraßen führen nach C und D. Dann ergibt sich folgender Rundkurs durch vier Städte: Er beginnt bei A, geht weiter zu C, von dort zu B, weiter zu D und schließlich zurück zu A – siehe folgende Zeichnung.

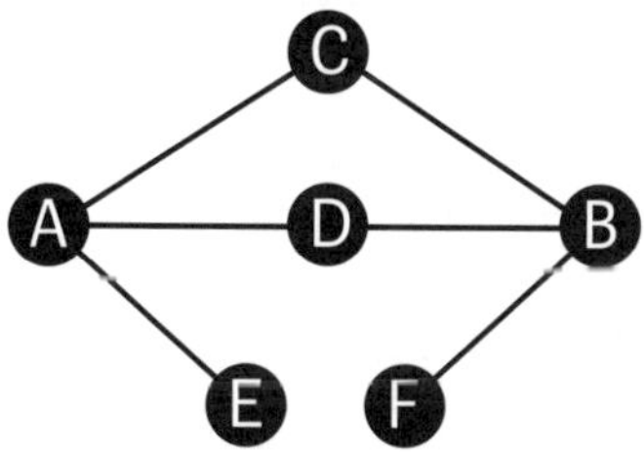

Damit haben wir bewiesen, dass ein solcher Rundkurs stets existiert.

87) Das große Oldtimerbus-Treffen

Es sind 900 Personen verteilt über 100 Busse.

Wir bezeichnen die Zahl der Busse mit b und die Zahl der Insassen je Bus bei Beginn der Ausfahrt mit p. Dann sind insgesamt $b \times p$ Menschen zum Oldtimertreffen gekommen.

Wenn auf dem Hinweg in zehn Bussen weniger $(b-10)$ je ein Passagier mehr sitzt $(p+1)$, ist in diesen $b-10$ Fahrzeugen dieselbe Personenzahl untergebracht wie beim Start, nämlich $b \times p$. Also gilt:

$$b \times p = (b-10) \times (p+1)$$
$$b \times p = b \times p - 10p + b - 10$$

Wenn wir das nach b umstellen, ergibt sich:

$$b = 10p + 10$$
$$b = 10(p + 1)$$

Bei der Rückfahrt sitzen $p + 3$ Personen in $b - 25$ Bussen – und auch dies entspricht der Personenzahl zu Beginn.

$$b \times p = (b - 25) \times (p + 3)$$
$$b \times p = b \times p + 3b - 25p - 75$$

Wieder stellen wir nach b um:

$$3b = 25p + 75$$

Zugleich gilt $b = 10(p + 1)$ – siehe oben – und das setzen wir in diese Gleichung ein und lösen das Ganze nach p auf:

$$30p + 30 = 25p + 75$$
$$5p = 45$$
$$p = 9$$

Zu Beginn sitzen also in jedem Wagen neun Personen. Mit der Formel $b = 10(p + 1)$ ist schnell die Zahl der Busse berechnet. Es sind 100.

Also haben sich $100 \times 9 = 900$ Personen getroffen. Zu Beginn saßen in den 100 Bussen jeweils neun Menschen.

88) Casanova zweifelt am Zufall

In beide Richtungen fahren alle zehn Minuten U-Bahnen. Die entscheidende Frage ist, in welchem Abstand die Abfahrten in den entgegengesetzten Richtungen erfolgen. Beträgt dieser fünf Minuten, würde Casanova gleich häufig bei den beiden Frauen landen. In diesem Fall lägen die Abfahrten in die eine Richtung beispielsweise bei den Minuten 00, 10, 20, 30, 40, 50 und in die andere Richtung bei 05, 15, 25, 35, 45, 55.
In unserem Fall ist es aber so, dass die Bahnen kurz hintereinander abfahren. Deshalb sind die Chancen ungleich verteilt. Zuerst fährt Bahn A ab und zwei Minuten später Bahn B in entgegengesetzter Richtung. Die Abfahrtsminuten wären dann für A beispielsweise 00, 10, 20, 30, 40, 50 und für B entsprechend 02, 12, 22, 32, 42, 52.
Wenn Casanova zufällig an der Haltestelle ankommt, erwischt er mit einer Wahrscheinlichkeit von 8/10 Bahn A und mit einer Wahrscheinlichkeit von 2/10 Bahn B. Er landet damit im Durchschnitt viermal so oft bei der einen Freundin wie bei der anderen.

89) Wettrennen auf der Rolltreppe

Es sind 36 Stufen.

Der Mann steigt zwölf Stufen – und zugleich bewegt sich die Rolltreppe. Einen Teil des Weges läuft der Mann, den anderen fährt er. Wenn a die Anzahl der Stufen ist, die der Mann nicht läuft, sondern fährt, dann ist die gesuchte Gesamtzahl der Stufen a + 12.
Nun zur Frau: Sie rennt 24 Stufen und fährt nur halb so lang Rolltreppe wie der Mann. Daher kommt sie beim Fahren auch nur auf

$a/2$ Treppenstufen. Die von ihr gemeisterte Gesamtzahl der Stufen ist demnach $24 + a/2$.
Wir können nun die beiden errechneten Gesamtstufenzahlen gleichsetzen, schließlich geht es ja um ein und dieselbe Rolltreppe:

$$a + 12 = 24 + a/2$$

Daraus ergibt sich $a/2 = 12$ und damit $a = 24$. Das setzen wir in den Ausdruck Gesamtstufenzahl $= a + 12$ ein und erhalten $24 + 12 = 36$ Stufen.

90) Rund um die Welt

Es klappt mit drei Flugzeugen.

Zwei Maschinen sind definitiv zu wenig. Wenn beide zugleich starten, könnte eine Maschine, wenn 1/3 ihres Tanks leer ist, 1/3 der Tankfüllung an die zweite übertragen und umkehren. Die Flugzeuge hätten in diesem Moment 1/6 der Erdumrundung zurückgelegt. Die in der Luft betankte Maschine würde so zwar $1/6 + 1/2 = 2/3$ der Erdumrundung schaffen. Doch dann wäre ihr Tank leer und die Maschine auf der Insel könnte ihr kein Benzin liefern, weil die Entfernung zur Insel (1/3 der Erdumrundung) zu groß ist.
Mit drei Maschinen aber gelingt die Umrundung. Wichtig dabei ist, dass die beiden Treibstoff liefernden Flugzeuge nach dem Betanken in der Luft und ihrer Rückkehr nochmals starten, um dem die Erde umrundenden Flugzeug entgegenzufliegen.

So sieht der Flugplan aus: Die drei Maschinen A, B, C starten zugleich. Nach 1/8 der Gesamtstrecke (eine Erdumrundung) gibt C je

1/4 Tankfüllung an A und B und kehrt um. Mit 1/4 im Tank kommt C sicher zur Insel zurück. Die Tanks von A und B sind wieder voll.
A und B fliegen nochmals 1/8 der Gesamtstrecke. Ihre Tanks sind zu 3/4 voll. B überträgt 1/4 Treibstoff an A und kehrt um. Mit halbvollem Tank kommt B sicher zur Insel zurück. Der Tank von A ist wieder voll.
A fliegt weiter, bis der Tank leer ist. Der Abstand zur Insel ist dann nur noch 1/4. An diesem Punkt trifft A auf das ihm entgegenkommende Flugzeug B. Dessen Tank ist nach 1/4 der Gesamtstrecke halbvoll. Die Hälfte der Tankfüllung gibt B an A, beide haben einen Tankpegel von 1/4 und fliegen zusammen Richtung Insel.
Wenn der Abstand noch 1/8 der Gesamtstrecke beträgt, sind ihre Tanks wieder leer. Aber es gibt ja noch die Maschine C, die ihnen entgegengeflogen ist und A und B mit 1/4 Tankfüllung versorgt. Alle drei Flugzeuge haben damit exakt die Spritmenge von 1/4, die sie für die Rückkehr zur Insel brauchen.

91) Die mysteriösen Fähren

Der Fluss hat eine Breite von 1.000 Metern.

Weil beide Fähren für je fünf Minuten anlegen, können wir die Anlegezeit ignorieren und davon ausgehen, dass sie nach Erreichen des Ufers sofort umkehren.
Beim ersten Zusammentreffen haben beide Fähren zusammen eine Flussbreite zurückgelegt, beim zweiten Treffen sind es zusammen drei Flussbreiten.
Weil beide Schiffe mit konstanter Geschwindigkeit fahren, fährt die langsamere Fähre vom ersten Ablegen bis zur zweiten Begegnung eine Gesamtstrecke, die dreimal so lang ist wie die Distanz vom Start

bis zum ersten Treffen (die genau 400 Meter lang ist). Die von ihr zurückgelegte Gesamtstrecke beträgt daher $3 \times 400 = 1.200$ Meter. Wir wissen außerdem, dass die langsamere Fähre im Moment der zweiten Begegnung eine Gesamtstrecke von einer Flussbreite plus 200 Metern absolviert hat. Deshalb ist der Fluss $1.200 - 200 = 1.000$ Meter breit.

92) Duell um 50 Münzen

Nummerieren Sie die Münzen von links nach rechts von 1 bis 50 durch – ganz unabhängig von ihrem Wert. Es ist ziemlich einfach für Sie, entweder alle nach dieser Nummerierung geradzahligen Münzen abzuräumen oder alle ungeradzahligen.
Sie müssen nur vor dem ersten Spielzug ausrechnen, welche 25 Geldstücke mehr wert sind – die geradzahligen oder die ungeradzahligen. Ihr Gegner bekommt dann zwangsläufig die anderen 25 Stück und kann keinesfalls gewinnen.
Wenn die 25 geradzahligen Geldstücke mehr wert sind als die 25 ungeradzahligen, nehmen Sie als erste Münze die Nummer 50. Ihr Gegner kann dann nur zwischen 1 und 49 wählen, beides ungerade Zahlen. Hat er sich entschieden, liegt an einem Ende der Reihe wieder ein Geldstück mit einer geraden Zahl – und zwar 2 oder 48. Dies ist die nächste Münze, die Sie nehmen. So geht das immer weiter bis zur letzten Münze.
Falls die ungeradzahligen Geldstücke mehr wert sind, greifen Sie zuerst zur Münze Nummer eins und nehmen sich dann analog zur Strategie oben nach und nach alle weiteren mit ungerader Nummer. Sind die Summen geradzahliger und ungeradzahliger Münzen gleich, müssen Sie sich für eine der beiden Gruppen entscheiden (gerade oder ungerade) und gehen wie oben beschrieben vor. Auf keinen Fall

wird Ihr Gegenüber am Ende mehr Geld haben als Sie – die Summen sind vielmehr gleich.

93) Chance auf Freiheit erhöhen

Die drei können mit einer Wahrscheinlichkeit von 75 Prozent freikommen.

Es gibt acht verschiedene Verteilungen der Mützen, die alle gleich wahrscheinlich sind.

	A	B	C
1	weiß	weiß	weiß
2	weiß	weiß	schwarz
3	weiß	schwarz	weiß
4	weiß	schwarz	schwarz
5	schwarz	weiß	weiß
6	schwarz	weiß	schwarz
7	schwarz	schwarz	weiß
8	schwarz	schwarz	schwarz

Die drei nutzen folgende Strategie: Wenn der Direktor fragt, schaut der zuerst Gefragte – wir nennen ihn A – nach den Mützen der beiden anderen. Haben diese die gleiche Farbe, nennt er die andere Farbe. Sind sie verschiedenfarbig, passt der Befragte.

I) B und C haben dieselbe Mützenfarbe.

In den Fällen 1 und 8 ist die erste Antwort falsch, in den Fällen 4 und 5 ist sie richtig. Die anderen beiden passen. Mit 50 Prozent Wahrscheinlichkeit errät A seine Mützenfarbe richtig (Fälle 1, 4, 5, 8).

II) B und C haben unterschiedliche Mützenfarben. Wenn der zuerst Befragte (A) passt, kann die zweite befragte Person (B) ihre Mützenfarbe ableiten. Sie muss sich nämlich von der Farbe unterscheiden, die Person C hat. Deshalb führt diese Strategie immer zu einer richtigen Antwort, übrigens auch bei Person C.
Auch sie kann ihre Farbe aus der Farbe von Person B ableiten. Die Wahrscheinlichkeit liegt in diesen vier Fällen (2, 3, 6, 7) bei 100 Prozent. Wir können nun die Gesamtwahrscheinlichkeit dafür ausrechnen freizukommen. Sie beträgt $1/2 \times 50$ Prozent $+ 1/2 \times 100$ Prozent $= 75$ Prozent.

94) Gläser im Härtetest

Es sind nur vier Versuche nötig!

Der erste Fallversuch erfolgt aus der vierten Etage. Zerspringt das Glas, muss der Prüfer anschließend Glas Nummer zwei aus der ersten, zweiten und dritten Etage fallen lassen, je nachdem, wie lange es hält. Macht maximal vier Versuche.
Übersteht das Glas den Sturz aus der vierten Etage, geht es weiter in Etage sieben. Zerspringt dabei das Glas, muss der Prüfer das zweite, noch heile Glas aus der fünften und sechsten Etage nacheinander fallen lassen. Auch hier sind es zusammengezählt höchstens vier Versuche.
Bleibt das Glas auch beim Test aus Etage sieben heil, geht es weiter in Etage neun. Zerspringt es dabei, wird das verbliebene Glas aus Etage acht fallen gelassen. Auch dabei kommt man auf vier Versuche.

Wenn das Glas den Falltest aus Etage neun bestanden hat, muss der Prüfer in die zehnte Etage steigen. Auch dabei sind insgesamt nur maximal vier Versuche nötig.

Dieses Rätsel ist eine Variante einer Knobelaufgabe, die unter anderem im 1996 erschienenen Buch »Which Way Did the Bicycle Go?« der Mathematical Association of America auftaucht. Dort hat der Testturm allerdings 36 Etagen und erfordert acht Versuche. Bei 101 Stockwerken lautet die Lösung übrigens 14. Wer es ganz genau wissen möchte: Es gibt auch eine allgemeine Lösung des Problems für beliebige Stockwerkszahlen.

95) 500 Schließfächer

Offen stehen die Fächer, deren Nummer eine Quadratzahl ist, also 1, 4, 9, 16, 25, 36, 49, 64, 81, 100, 121, 144, 169, 196, 225, 256, 289, 324, 361, 400, 441, 484.

Wir schauen uns das Fach n an. Wie oft sein Zustand geändert wird, hängt von der Anzahl seiner Teiler ab. j und k mögen zwei Teiler sein, also gilt $n = j \times k$. Die Teiler j und k tauchen paarweise auf. Denn wenn j ein Teiler von n ist, kann es nur eine Zahl k geben, sodass gilt: $n = j \times k$. Ein Teiler j kann nicht zwei verschiedene Partner k haben.
Wie wirken die Schüler j und k auf das Fach n? Zusammen gar nicht, weil zwei Zustandsänderungen das Gleiche sind wie gar keine. Einzige Ausnahme: $j = k$, was gleichbedeutend damit ist, dass n eine Quadratzahl ist. In diesem Fall bleibt die Tür offen stehen, denn sie wird erst geöffnet, aber nicht mehr geschlossen. Daraus folgt: Ist n eine Quadratzahl, steht die Tür des Schließfachs offen. In allen anderen Fällen sind die Türen zu.

96) Das Benzin wird knapp!

Wie könnte man die Aufgabe beschreiben? Es darf Ihnen nicht passieren, dass der Tank leer ist, bevor Sie die nächste Tankstelle erreichen. Das Problem scheint kaum lösbar angesichts der vielen Unbekannten (Zahl und Abstände der Tankstellen, Verteilung des Benzins) – aber der Beweis ist viel einfacher als gedacht.

Wir lösen das Problem mit einem Gedankenexperiment. Damit finden wir heraus, von welcher Tankstelle aus wir starten müssen, wenn wir die konkrete Konstellation kennen würden, also Zahl der Tankstellen, Abstände untereinander und Benzinmengen an den Stationen.
Stellen wir uns vor: Das Auto hat zum Start an einer beliebigen Tankstelle bereits so viel Benzin im Tank, dass es damit die Umrundung schafft. Wir beginnen die Runde an einer zufällig ausgewählten Tankstelle und tanken an allen Tankstellen, auch an der ersten, wie es die Aufgabe vorsieht.
Dann beobachten wir den Füllstand des Tanks während der Rundfahrt. Er sinkt linear, doch an jeder Tankstelle springt die Linie senkrecht ein Stück nach oben, weil wir dort ja tanken. Das folgende Diagramm zeigt exemplarisch den Füllstand bei einer Rundfahrt. Ganz am Ende ist wieder exakt genauso viel Benzin im Tank wie vor dem Tanken an der ersten Tankstelle, denn das getankte Benzin entspricht ja exakt dem verbrauchten Benzin.

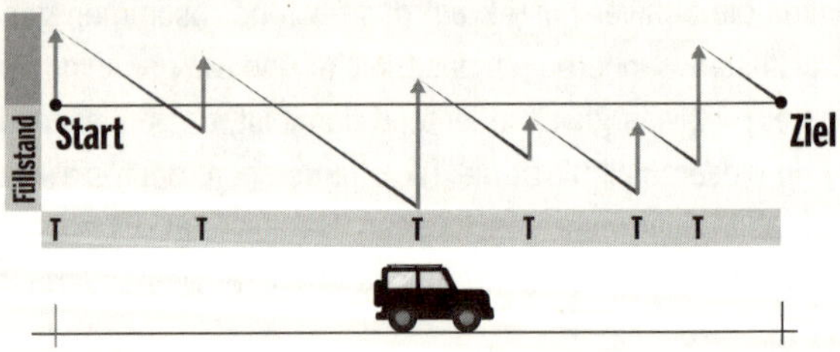

Jetzt suchen wir die Tankstelle, bei der der Füllstand vor dem Tanken am niedrigsten ist. Das ist der Ort, an dem wir unsere Rundfahrt beginnen. Denn wir wissen ja, dass die Tankfüllung auf der sich anschließenden Rundreise niemals unter den Wert fällt, den wir an dieser Tankstelle (vor dem erstmaligen Tanken) hatten. Damit ist die Aufgabe gelöst!

97) Ein Tisch, zwei Diebe und ein Berg Münzen

Der Spieler, der beginnt, kann alle Münzen abräumen.
Er muss nur die allererste Münze genau auf den Mittelpunkt des Tisches legen. Danach platziert der zweite Spieler selbst eine Münze – wohin, ist aus Sicht des ersten Spielers egal.
Wichtig ist, dass der erste Spieler seine zweite Münze dann exakt auf die gegenüberliegende Seite des Tisches legt. Geometrisch gesehen handelt es sich um eine Punktspiegelung an der in der Mitte liegenden Münze.

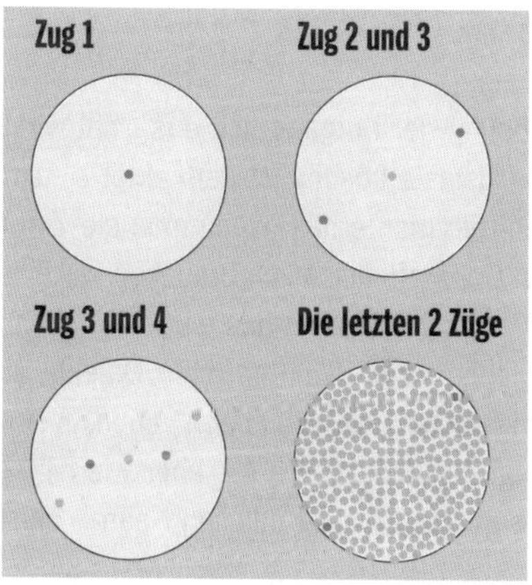

Diese Strategie stellt sicher, dass Spieler 1 immer einen freien Platz für seine Münze findet. Denn solange Spieler 2 noch eine Münze ablegen kann, muss die gegenüberliegende Stelle auf dem Tisch ebenfalls noch frei sein. Aber irgendwann ist keine Lücke mehr da – und das passiert zwingend dann, wenn Spieler 2 am Zug ist.

98) Nullen und Einsen

Ich habe mir erst überlegt, wie die Lösung für die einstelligen Zahlen von $n = 1$ bis $n = 9$ aussieht. Das ist noch relativ leicht:

$$\begin{aligned}
2 \times 5 &= 10\\
3 \times 37 &= 111\\
4 \times 25 &= 100\\
5 \times 20 &= 100\\
6 \times 185 &= 1.110\\
7 \times 143 &= 1.001\\
8 \times 125 &= 1.000\\
9 \times 12.345.678 &= 111.111.111
\end{aligned}$$

Aber bei der Lösung der Aufgabe hilft das nicht wirklich weiter. Beispiel $n = 25$: Die kleinste Lösung ist der Faktor 4, und der ist kleiner als die Faktoren, die man erhält, wenn man die Ziffern 2 und 5 einzeln betrachtet. Ganz offensichtlich brauchen wir einen anderen, allgemeineren Lösungsansatz. Und den gibt es tatsächlich.
Er heißt Schubfachprinzip. Wenn es mehr Objekte als Schubfächer gibt, muss es mindestens ein Schubfach geben, in dem zwei Objekte liegen. Das klingt ziemlich abstrakt – aber wie hilfreich die Beweismethode ist, zeigt das Beispiel mit den Haaren der Berliner (siehe Aufgabe 27).

Diese Lösungstechnik wenden wir nun auf unsere Aufgabe an. Bei der Division einer beliebigen natürlichen Zahl durch n sind n verschiedene Reste möglich – von 0 bis n−1. Wir schauen uns n+1 Zahlen an, die sämtlich nur aus der Ziffer 1 bestehen. Die kleinste lautet 1, die nächste 11 und so weiter bis zur größten, die aus n+1 Einsen besteht.

Für diese n+1 Zahlen sind beim Teilen durch n höchstens n verschiedene Reste möglich. Es muss also mindestens zwei Zahlen geben, die den gleichen Rest besitzen. Subtrahieren wir diese beiden voneinander, entsteht eine Zahl der Form 11111...00000. Sie hat vorn nur Einsen und hinten nur Nullen – und ist durch n teilbar.

99) 50 Uhren und ein Tisch

Es gibt mehrere Lösungen für das Uhrenproblem. Der Mathematiker Peter Winkler schlägt eine Herangehensweise vor, bei der man weder mit Kosinusfunktionen hantieren noch sonst wie rechnen muss. Schauen wir uns eine einzelne Uhr genauer an:

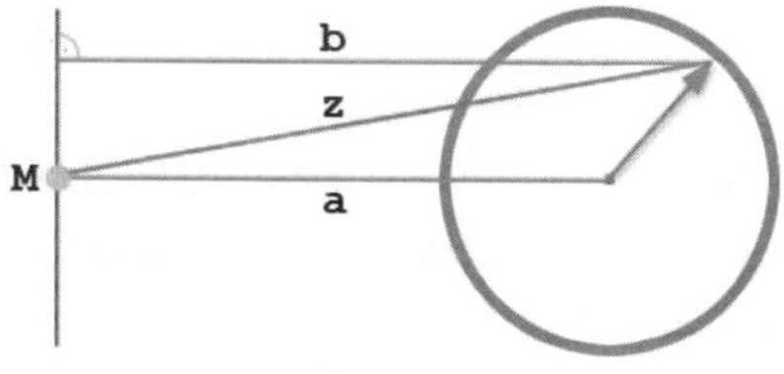

M soll der Tischmittelpunkt sein. Dann ist a der Abstand zwischen Tischmittelpunkt und Uhrmitte und z der Abstand zwischen der Zeigerspitze und dem Tischmittelpunkt. Mit b bezeichnen wir den Abstand der Zeigerspitze zur Linie, die senkrecht zu a durch den Tischmittelpunkt M verläuft.

Wir sehen, dass der Mittelwert von b, berechnet über eine volle Stunde, genau dem Abstand a entspricht. Zugleich ist klar, dass z immer größer ist als b, nur an zwei Positionen gilt z = b. Daraus folgt, dass der mittlere Abstand der Zeigerspitze z – berechnet über den Zeitraum von 60 Minuten – größer ist als a.
Diese Aussage gilt für alle 50 Uhren. Also ist auch die Summe der mittleren Abstände der Zeigerspitzen z aller Uhren größer als die Summe der Abstände der Uhrmittelpunkte a. Und das ist nur möglich, wenn es im Laufe von 60 Minuten mindestens einen Moment gibt, in dem die Summe aller z größer ist als die Summe aller a.

100) Handshakes

Die Lösung lautet 4.

Die Aufgabe ist wirklich gemein. Denn man fragt sich, wie man etwas über Mirijana herausfinden soll, wenn man ja außer ihrem Namen nichts über sie weiß.
Aber wir wissen doch etwas mehr über sie als über die anderen. Ihr Mann hat die übrigen 9 Gäste befragt (auch Mirijana) – aber nicht sich selbst! Die Aussage, jeder habe einer unterschiedlichen Anzahl von Personen die Hand geschüttelt, gilt also nicht für Kai, sondern nur für die übrigen 9 Gäste.
Das muss auch so sein, denn jeder Gast kann höchstens 8 Personen die Hand geschüttelt haben. Möglich sind damit die Zahlen von 0 (ich kenne alle) bis 8 (ich kenne nur meinen Ehepartner). Wie verteilen sich diese Zahlen über die Gäste? Wir benennen die Gäste nach der Zahl ihrer Handshakes.
0 und 8 müssen ein Paar sein. Wären sie keins, hätte die 8 (die nie-

manden kennt) der 0 die Hand schütteln müssen. Die 0 dürfte dann keine 0 sein, denn die 0 kennt alle, weil sie mit niemandem Hände geschüttelt hat. Wegen dieses nicht auflösbaren Widerspruchs sind 0 und 8 ein Paar.

Auch 1 und 7 müssen ein Paar sein. Fest steht, dass 7 allen außer der 0 die Hand geschüttelt hat – und dass 1 der 8 die Hand geschüttelt hat. Wären 1 und 7 kein Paar, hätte 7 auch der 1 die Hand schütteln müssen. Die 1 wäre dann aber keine 1 mehr, weil sie schon der 8 die Hand geschüttelt hat. Das ist ein Widerspruch!

Auf die gleiche Weise zeigen wir, dass 2 und 6 sowie 3 und 5 jeweils Paare bilden. Übrig bleibt dann noch die 4 – und genauso oft hat Mirijana Hände geschüttelt. Kai kommt übrigens auch auf 4, deren Partner ebenfalls 4 Personen die Hände geschüttelt hat. Weil Kai festgestellt hat, dass die 9 anderen Gäste einer unterschiedlichen Anzahl von Gästen die Hände geschüttelt haben und es zwei Personen mit der Anzahl 4 gibt, muss Kai selbst auf 4 kommen – und seine Frau Mirijana auch.

Quellen

Seit Oktober 2014 veröffentliche ich auf SPIEGEL ONLINE jede Woche das »Rätsel der Woche«. Oft finde ich Ideen dafür im Internet, es gibt Dutzende Seiten, auf denen Aufgaben gesammelt sind. Eine gute Inspirationsquelle sind auch Archive von Mathewettbewerben wie das des Vereins Mathematikolympiaden. Zudem haben Leser mir immer wieder interessante Vorschläge geschickt. Viele der Aufgaben kenne ich aus diversen Büchern, etwa von Martin Gardner oder Sam Loyd. Oft lässt sich der Ursprung eines Rätsels nicht ausfindig machen. Sie sind wie gute Witze: Man erzählt sie immer weiter. Die folgenden Angaben nennen deshalb nicht zwingend die ursprüngliche Quelle einer Aufgabe.

Jürgen C. Hess: »Gehirntraining«, 2011, Dudenverlag (1, 38, 59)
Sam Loyd: »Cyclopedia of 5000 Puzzles, Tricks, and Conundrums«, 1914, http://www.mathpuzzle.com/loyd/ (3, 8, 48, 87)
https://www.glassdoor.com/ (11)
http://www.rinkworks.com/brainfood/ (15, 17–23)
SPIEGEL-ONLINE-Leser René Koch (24), Erik Pascal Johansen (26), Gerald Dillenburg (41), Stefan Jansen (46), Rolf Elmar Hoffmeister (66), Peter Conzelmann (77)
Adrián Paenza: »Mathematik durch die Hintertür«, 2008, Random House (25, 35, 43, 74, 93)

Albrecht Beutelspacher, Marcus Wagner: »Wie man durch eine Postkarte steigt«, 2008, Herder (30)
Archiv Mathematik-Olympiaden e. V. http://www.mathematik-olympiaden.de/archiv.html (33, 34, 55, 56, 58, 61, 63–65, 69, 76, 81, 86)
Christoph Drösser: »Der Logikverführer«, 2012, Rowohlt (37)
SPIEGEL-ONLINE-Kollegin Diana Doert (39)
Intermediate Challenge 2016 des United Kingdom Mathematics Trust https://www.ukmt.org.uk/ (49)
http://www.matheraetsel.de/ (51)
Preliminary Scholastic Aptitude Test https://wordplay.blogs.nytimes.com/2013/09/23/pyramid-2/ (52)
Kobon Fujimura: »The Tokyo Puzzle«, 1978, Scribner (53)
http://www.mathematik.ch/ (57)
Martin Gardner: »My best mathematical Puzzles«, 1994, Dover Publications (68, 90)
Peter Winkler: »Mathematische Rätsel für Liebhaber«, 2008, Spektrum (71, 92, 95, 98, 99, 100)
Sören Christensen, Universität Kiel (73)
http://de.sci.mathematik.narkive.com/b3svIivq/ (79)
Michael Schreckenberg, Universität Duisburg-Essen (82)
http://www.denksport-raetsel.de/ (83)
Joseph D. E. Konhauser, Dan Velleman, Stan Wagon: »Which Way Did the Bicycle Go?«, 1996, Mathematical Association of America (94)
László Lovász: »Combinatorial Problems and Exercises«, 1979, American Mathematical Society (96)
http://www.logisch-gedacht.de/ (97)

Dank

Es war mir eine große Freude, dieses Buch zu schreiben. Bedanken möchte ich mich bei meiner Lektorin Stephanie Kratz vom Verlag Kiepenheuer & Witsch, die mit ihrem kritischen Blick geholfen hat, dass auch Kompliziertes möglichst klar und verständlich bleibt. Ein großes Dankeschön geht auch an meinen Kollegen Michael Niestedt, der mit viel Begeisterung die Grafiken für die Rätsel erstellt hat. Bedanken möchte ich mich auch bei allen Rätselfreunden und -sammlern, deren Ideen in dieses Buch eingeflossen sind. Sowie bei meinen SPIEGEL-ONLINE-Kollegen aus dem Ressort Wissenschaft/Gesundheit, die jede Woche das neue Rätsel kritisch redigiert haben.

Zum Lesen, Lachen und Nachschlagen

Bastian Sick. Der Dativ ist ... Folge 1
Taschenbuch. Verfügbar auch
als E-Book

Bastian Sick. Der Dativ ist ... Folge 2.
Taschenbuch. Verfügbar auch
als E-Book

Bastian Sick. Der Dativ ist ... Folge 3.
Taschenbuch. Verfügbar auch
als E-Book

Bastian Sick. Der Dativ ist ... Folge 4.
Taschenbuch. Verfügbar auch
als E-Book

Bastian Sick. Der Dativ ist ... Folge 5.
Taschenbuch. Verfügbar auch
als E-Book

Bastian Sick. Der Dativ ist ... Folge 6.
Taschenbuch. Verfügbar auch
als E-Book

Witzig und unterhaltsam – Bastian Sicks Sprachkolumne begeisterte bereits Millionen Leser und zeigt immer wieder: Man lernt nie aus!

Leseproben und mehr unter www.kiwi-verlag.de

KiWi

62 - 63 = 1

2 - 63 = -61

2 x 2 = 4

x 2 = 8

16

32

64